U0157891

黄河文明与河洛文化丛书

主编 罗子俊 副主编 王东洋

# 胡风东渐与族群互动

## ——魏晋至隋唐时期帐篷形象的考古学研究

程嘉芬 著

人民出版社

# 《黄河文明与河洛文化丛书》

# 总　序

　　河流是陆地表面经常或间歇流动的天然水体，它为人类生存及文明发展提供了丰富的淡水资源。黄河和长江是中国最大的两条河流。江河纵横奔腾的流域，因有充沛的淡水供应和便利的水运条件，成为文明的发祥地。黄河和长江是中华文明的摇篮，黄河流域和长江流域是中华文明的两大发祥地。

　　"君不见黄河之水天上来，奔流到海不复回。"这是李白《将进酒》中的诗句。黄河在中国古代被称为"四渎之宗"、百水之首。它纵横流淌的北温带80万平方公里的黄土高原和冲积平原，曾经是林草丰茂、自然生态良好的地域。先民在黄河诸支流（如湟水、汾河、渭水、洛水等）流经的台地采集、狩猎，进而发展农耕业，奠定了文明根基，又创造了辉煌的青铜和礼乐文明。20世纪初，中国的现代田野考古在黄河流域起步，发现了仰韶、大汶口、龙山等新石器文化遗址，发掘了安阳殷墟、成周洛邑等商周故城，与《尚书》《左传》《史记》等传世史典对史前及夏商周三代文化在黄河流域繁衍的记述相印证，证明了黄河流域是中华文明的发祥地。

　　黄河文明延续数千年而不断，至南宋以前黄河中下游地区一直是中华文明的核心地区。黄河文明包括物质文明、政治文明与精神文明，也可称作物质文化、制度文化与精神文化。黄河孕育了河湟文化、关中文化、河洛文化、齐鲁文化，哺育着中华民族，塑造了中华民族自强不息的民族品格。

2019年9月18日，习近平总书记在郑州主持召开黄河流域生态保护和高质量发展座谈会并发表重要讲话，指出："黄河文化是中华文明的重要组成部分，是中华民族的根和魂。要推进黄河文化遗产的系统保护，深入挖掘黄河文化蕴含的时代价值，讲好'黄河故事'，延续历史文脉，坚定文化自信，为实现中华民族伟大复兴的中国梦凝聚精神力量。"

河洛地区是黄河与其支流伊洛河交汇之地，处于黄河中游及中下游之交。司马迁在《史记》里曾说："昔三代之居，皆在河洛之间。"河洛地区被古人称作"天下之中"，历史上长期是我国政治、经济、文化的中心。河洛文化是植根于河洛地区的历史文化，是黄河文化的源头和核心，也是中华民族最为古老的传统文化，被学者称为中华文明之源、中华文化之根。

河南科技大学位于十三朝古都洛阳，是研究河洛文化的重镇之一。此前已有多部河洛文化研究成果面世，在省内外产生了较大影响。如今又"更上一层楼"，推出本套《黄河文明与河洛文化丛书》。丛书内容大体可分为以下四个方面：

文物考古方面有两种：《石刻文献与河洛文化论稿》一书选取河洛地区出土的重要石刻，如汉魏石经、西晋《辟雍碑》、北宋富弼家族墓志等，探讨它们与河洛文化传承的关联，发掘其所涉及的时代和史事，如都城迁徙、制度改革、家族兴衰、思想风俗等，视角独特，颇具新意。毡帐是游牧文化的重要标志，公元4世纪由北方草原传入中原。《胡风东渐与族群互动——魏晋至隋唐时期帐篷形象的考古学研究》一书广泛收集与毡帐相关的考古文物资料，区分其系统，考察其源流，并探讨载帐骆驼俑的发展演变，以揭示中古时期中国北方的族群互动和文化交流，再现胡风东渐下的中原社会生活场景。

社会生活和规范方面有两种：《汉唐间河洛地区社会生活研究》一书从衣、食、住、行和民间娱乐五个方面阐述河洛地区居民的社会生活，诸如食物品种、饮食器具、饮食习惯，纺织品生产销售与服饰演变，居住环境、建筑风格与住宅类型、室内布局，交通工具、道路修建与出行习俗，节令习俗与游艺活动等，可谓应有尽有，并指出河洛地区的社会生活代表着中国北方社会生活的整体水平，居民的生活方式与理念体现了时代发展的方向。《河洛民间契约与地方社会秩序》一书在系统整理河洛地区民间契约文书的基础上，结合地方文献、从微观和宏观两个方面，对土地房产契约、钱债契约、婚书、继嗣文书、分家文书、养老契约、金兰谱等契约文书进行深入探讨，揭示其与田宅交易规范、借贷习俗、婚姻习俗、析产习俗、养老习惯及结义习俗的关系，可以加深人们对河洛地区社会规范和社会秩序的认识。

文学方面也有两种：《孔颖达与〈诗经〉学研究》一书以黄河文明和河洛文化为背景，从文学和经学两个角度对《诗经》学进行溯源性考察。《诗经》是黄河文明的产物，风、雅、颂中的很多篇什产生于以洛阳为中心的河洛地区，"三百篇"在东周洛阳做了最后的集结。唐初，李世民秦王幕府"十八学士"之一的著名经学家孔颖达，奉唐太宗之命对唐前《诗经》学进行集大成式的整理，是为《毛诗正义》。《孔颖达与〈诗经〉学研究》即是对孔颖达《诗经》学进行的拓展和深化研究：文学方面包括《诗经》的文本构成、风格审美和主题阐释，经学方面则对孔颖达的著述、学行进行考证，分析其《诗经》学的体系、价值取向及思想内涵。作者认为，《诗经》文学之美就是黄河最生动的历史映像，孔颖达经学思想的理性与担当就是黄河彰显出来的民族精神。《隋唐洛阳文学研究》一书不是单纯按文学体裁诗歌、辞赋、散文、小说等进行研究，而是紧密结合东都洛阳的历史文化进行阐述，通过文学作品探讨洛阳城的风貌，如寓居洛阳的文人群体的闲适生活、对洛阳风景名胜的咏赞、对洛阳四时节令习俗的考察等，颇具特色。

文化传承创新方面有《河洛文化循迹》一书，该书从时间和空间两个维度，展现河洛文化的历史与现实。时间层面上，追溯河洛文化的历史脉络和文化价值，呈现河洛文化的现代传承与形态转换；空间层面上，切实考察河洛山水城镇的地域空间，深入探究河洛文明的特色文化空间。该书作者通过走访洛阳的城市、乡村、特色民族村寨，考察博物馆、实体书店以及古代书院遗址，探讨河洛文化的历史传承与现代转型，揭示河洛文明既源远流长又与时俱进的精神力量。

本丛书洋洋二百万言，内容丰富。著者多为富于学养的中青年学者，且有先期研究成果。书稿选题新颖，史料翔实，研究深入，观点持之有故，言之成理，有助于人们系统、全面认识河洛文化和黄河文化，挖掘其蕴含的时代价值；有利于推进文化遗产的系统保护，延续历史文脉，坚定文化自信，可谓"开卷有益"。丛书即将由人民出版社梓行，以惠学林，可喜可贺，遂草成以上推介文字，聊以充序。

程有为

2022 年 3 月 20 日于郑州文化路洛崝斋

# 编者的话

2019 年 9 月，习近平总书记在郑州主持召开黄河流域生态保护和高质量发展座谈会，提出"黄河文化是中华文明的重要组成部分，是中华民族的根和魂"，作出"保护、传承、弘扬黄河文化"的重要指示。黄河流域长期是中国古代政治、经济和文化的中心，孕育了河湟文化、河洛文化、关中文化与齐鲁文化等丰富多彩的地域文化。

河洛文化根植于河洛地区，由生活在河洛地区的华夏部族、汉民族及其他民族的人民群众共同创造，并在与周边地域文化的交流中不断发展完善、最终成为中原文化、黄河文化的核心，成为中华传统文化的主根和主源。以洛阳为中心的河洛地区，横跨黄河中游南北两岸，是中华文明的重要发源地。这里成为"最早的中国"，是五帝时代以迄唐宋时期古代中国的首善之区。唐宋以后，伴随着中国政治、经济中心的转移，尽管河洛地区有所衰落，但其在中华文明进程中仍发挥着不可替代的作用。新中国成立后，古都洛阳焕发出新的生机，是"一五"时期全国八个重点建设的工业城市之一，为我们留下了宝贵的工业遗产与民族记忆。研究河洛文化，探寻黄河文明，是历史担当和时代呼唤，关乎沿黄区域经济与社会发展，更关乎中华民族的文化自信与伟大复兴！

河南科技大学坐落于古都洛阳，具备开展黄河文明与河洛文化研究得天独厚的区位优势。人文学院的教学与科研以河洛文化为特色，逐渐形成文、史、哲、法各学科协同发展的新格局，在全省乃至全国具有一定地位和影响。近年来人文学院获批近 20 项国家社科基金项目，大都与黄河文明或河洛文化密切相关。围绕黄河文明与河洛文化，凝练科研方向，回答时代问题，优化科研团队，培养后备人才，积极打造更高级别的科研平台，是人文学院教学与科研的重点方向。

《黄河文明与河洛文化丛书》坚持以习近平新时代中国特色社会主义思想为指导，贯彻习近平总书记关于"保护、传承、弘扬黄河文化"的重要指示精神，推进黄河文化遗产的系统保护，深入挖掘黄河文化蕴含的时代价值，讲好"黄河故事"，延续历史文脉，坚定文化自信，为实现中华民族伟大复兴的中国梦凝聚精神力量！本丛书注重河洛文化、黄河文明与中华文明的内在学理研究，以河洛文化研究为抓手，深化黄河文明的研究阐释；以河洛文化的繁荣兴盛，助推华夏文明的传承创新！

《黄河文明与河洛文化丛书》出版得到中央支持地方高校改革发展资金项目"河南丝绸之路文化资源保护发展研究院"(17010002-2020)资助，谨致谢忱！以洛阳为中心的隋唐大运河，沟通了陆上丝绸之路与海上丝绸之路，河洛文化由陆上与海上丝绸之路传播至海内外，成为古代中国与丝路沿线诸国文明交融、文化交流的重要形式，在中外文化交流史上居于重要地位。

本丛书也是河南科技大学人文学院主持的河南高等教育教学改革研究与实践项目"'一带一路'视域下河洛文化教育资源的整合与利用"(2019SJGLX2259)的成果之一。坚持教学与科研双轮驱动，注重科研反哺教学，是我们矢志不渝的教育理念。

《黄河文明与河洛文化丛书》编委会

2022 年 2 月 16 日

# 目 录
CONTENTS

## 插图目录

# 引　言

人们对于"游牧民族""游牧人群"的最初认知，多是来自于一些天然的想象，"敕勒川，阴山下。天似穹庐，笼盖四野。天苍苍，野茫茫，风吹草低见牛羊。"[1] 在这种中国文人对于无拘无束游牧生活自以为的认知中，反映出的是一种人类利用不稳定资源形成的社会生态系统，边缘化、不稳定性是构成这一系统的要素，更是其经济关系中的关键词。人们对于游牧社会的另一种误解是相对于农业、定居而言的，认为游牧经济是与农业经济、定居系统相对立的一种原始的经济方式，是人类文明进化过程中由"狩猎采集""渔猎"发展至"农耕"的中间阶段。关于游牧社会的第三种认识误区，是人们总会简单地认为"游牧经济"代表的是那些结构相同的经济生产方式和人群生活方式，游牧经济本身即是一种简单、粗犷的经济形式。[2] 然而，事实上，深入理解游牧社会和游牧经济，我们会看到，"游牧"是在特定环境中，依赖多种资源获取主要生活需求的一种经济手段，其中依赖动物，即牧业收入在游牧人群的生计中发挥着重要功能。[3]"游牧"，是人类在理解并掌握与自然高度相关的地理环境、生物特征等一系列技术性知识的前提下，对环境的一种精致选择和有效适应的结果，游牧具有技术性、多样性的特点，人类会根据不同地理环境选择不同的

---

[1]　郭茂倩主编：《乐府诗集》卷八六，中华书局 1979 年版，第 1213 页。

[2]　王明珂：《游牧者的抉择：面对汉帝国的北亚游牧部族》，广西师范大学出版社 2008 年版，第 1—2 页。

[3]　Emanuel Marx, "The Tribe as a Unit of Subsistence: Nomadic Pastoralism in the Middle East", *American Anthropologist*, Vol.79, 1977, p.344.

游牧经济策略从而实现不同的资源管理策略，可以认为游牧是人类对生业形态的一种主动选择。关于中国北方游牧的起源，著名的中国研究学者拉铁摩尔认为，中国北方草原带的绿洲是游牧产生的关键，游牧驯化最初并不是产生于草原上，而应该与草原边缘从事农业的绿洲社会关系密切。这种绿洲社会具有土地肥沃、流水丰沛、开阔草原的特征。只有在绿洲居民掌握了关于驯养、利用动物获得资源、利用驯养动物深入草原等一系列技术性知识后，人们才有了离开绿洲、深入草原的能力，才能够完全依赖于牲畜去从事更多种的经济活动。[①]换言之，人们只有在掌握利用资源的能力之后才能够根据自身需求选择适合的经济策略，因此，游牧的出现是选择的结果，而具体游牧策略的选择则是根据实际需求而形成的。

中国北方游牧世界的形成经历了一个漫长的过程，大约是从公元前1500年左右黄土高原北缘地带的农业聚落开始衰落，人类在生业形态上逐渐采取新的经济策略，到公元前3世纪即秦末汉初之际匈奴帝国出现，与汉帝国直面而立。其间，春秋战国至汉代是北方游牧社会形成过程中的关键时期，后来我们常说的北方混合经济人群所代表的社会形态与生业经济，正是在这一关键阶段完成的。人们因为所在之地的自然环境而选择并不完全相同的游牧方式，并逐步走向专化游牧的生业形态，这一过程和生业方式都不是人们认为的简单意义上的纯游牧。专化游牧，指人们因地制宜选择适合的游牧策略，也指从事辅助性生计活动而出现于族群内外的生产互动，还指因之而产生的与游牧生计活动相适应的社会组织。活跃于中国北方的匈奴、西羌、鲜卑等各族群的游牧生计皆可归为此类专化游牧。我们知道，从公元前3世纪至公元3世纪，匈奴帝国活跃于北亚约五百年，是人类社会所见的由早期游牧族群建立的具有国家规模的政体之一，其作为汉帝国经略北部边疆最主要的对手开始越来越多地出现在文献史料之中。可以说，从这个时期开始，以农业定居为基础的华夏帝国开始越来越多地关注到位于其北部边疆的这些以游牧经济为核心的北亚部族。这些居于华夏资源边界以外的北方部

---

① Lattimorem Owen, *Inner Asian Frontiers of China*, Oxford: Oxford University Press, 1988, pp.160-163.

族，一方面因其环境而走向专化游牧的生计选择，一方面尝试着通过构建新的社会组织来适应这种游牧生计，并以之与华夏帝国的扩张相抗衡，突破帝国的封锁线获取更多资源，长久以来都是这些游牧部族维系生计的重要策略之一。因此，从秦建立统一帝国到汉袭秦制构建疆域辽阔的中央集权国家，这一中国历史上国家政治、经济形态转变和发展的关键时期，也正是那些位于华夏边疆的北方游牧族群调整并发展其所选择游牧生计和社会组织形态的重要阶段。从蒙古草原游牧经济的发展，匈奴作为游牧国家以统一政治体的形式出现并迅速扩张，到辽西地区森林草原类型专化游牧的形成，乌桓、鲜卑集结组成的部落联盟出现，皆是北方族群尝试建立新的社会组织形式以之与秦汉帝国争夺农牧资源的结果。[1] 发展至公元 4 世纪，随着匈奴帝国退出中国的历史舞台，更多的草原民族不断南迁，北方长城沿线的农牧交错带上，各族群的互动交往也随之更进一步。这种族群交融，尤其是农业定居人群和游牧人群的关系，在整个中国的历史演进进程中扮演着重要角色。[2]

公元 4 至 10 世纪的魏晋南北朝隋唐时期，即中国历史上的中古时期。这一时期，随着来自北方森林草原的拓跋鲜卑定都平城，北方游牧民族南下中原，正式开启了北魏王朝于中国历史进程中浓墨重彩的序幕，亦开始了中古中国族群融合、文明演进的重要进程。另一方面，北朝伊始，丝绸之路的复兴繁荣促进了中西贸易的频繁往来，也为欧亚游牧族群与中原帝国之间的文化交往提供了重要条件。即使公元 5 至 6 世纪的中国北方地区，朝代更迭、政权变迁频繁，而统治阶级的联合集团中却仍不乏中亚人的身影。可以说，从北魏统一中国北方到隋唐统一帝国最终形成，相对稳定的政治环境为经济发展、文化繁荣提供了较好的社会基础。因此，公元 4 至 10 世纪的中国，是整个古代中国发展进程中关于民族交融、经济发展最重要的一个阶段，这种交融与发展反映在物质文化上，便是被诸多学者揭示出的于唐代最终形成

---

[1]　王明珂：《游牧者的抉择：面对汉帝国的北亚游牧部族》，第 77—78、100 页。

[2]　[美] 拉铁摩尔著：《中国的亚洲内陆边疆》，唐晓峰译，江苏人民出版社 2005 年版，第 337—338 页。

的"胡风"渐盛①的社会风貌。

从考古学角度而言，相较于定居人群，游牧人群很少遗留下丰富的物质踪迹，这也使得长期以来考古学家对于游牧人群的物质生活认识相对不足。另一方面，根据民族志研究的成果，学界已经对游牧社会的组织结构获得一些了解和认知。在游牧社会组织中，最小、最基本的人群是家庭与牧团，一个游牧家庭一般情况下指的是由一对夫妻及其未婚子女所组成的家庭组合。同一家庭的人通常都是住在同一帐幕内的人，故"帐"便成为统计游牧社会家庭的基本单位②，如一个部落或家族有多少"帐"，即指其拥有多少个家庭，在游牧社会的组织结构中具有重要意义。长期以来，无论是古史学家还是现代学者，普遍将"有无居所"作为区别农耕与游牧人群的一项重要指标，"帐"这种典型的游牧居所，正是认识和理解游牧人群、游牧社会的物化载体。此外，"帐"也是目前能够看到的游牧人群、游牧社会于物质资料方面所遗留下来的为数不多的痕迹。不论是普遍流行于欧亚草原的蒙古包式帐篷（圆形框架毡帐），还是流行于北非、中东以及我国青藏高原、四川羌塘草原的黑帐篷（方形毡帐），为我们理解不同地区游牧人群乃至游牧社会的生业策略选择和社会组织结构提供了重要线索。可以说，"帐"已经成为认识游牧社会的一项重要因素，不同地区对于"帐"的类型选择，是考察游牧人群因地制宜选择生计策略、游牧传统的重要参考。"帐"对于理解游牧社会、族群交往具有重要意义。

随着考古工作的长期积累，考古材料中与"帐"有关的实物资料逐渐增多，既有"帐"的实物模型和相关场景的图像资料，也有如"载帐架驼俑"等与"帐"密切相关的间接资料。这些与游牧族群居室文明——"帐"直接或间接相关的考古材料，为了解古代中国中古时期族群互动、文化交融提供了鲜明而具体的实物资料基础。因此，本书尝试对魏晋至隋唐时期考古材料所见与帐篷有关的实物资料进行全面系统的搜集和整理，梳理不同帐篷的类型系统和各自发展谱系，考察其在中古中国不同发展阶段中所呈现出的不同分

---

① 向达：《唐代长安与西域文明》，河北教育出版社2001年版，第3—121页。

② 王明珂：《游牧者的抉择：面对汉帝国的北亚游牧部族》，第40页。

布状态，分析其趋势和动因，从而为理解魏晋南北朝隋唐这一中国历史上族群互动、文化交往的重要阶段绘制一幅具体而翔实的社会图景。

# 一、研究概况

根据结构与架设方式不同，世界范围内的游牧民族从古至今使用的帐篷基本可分为两大类，即圆形帐篷（Yurt，又称蒙古包式）和方形帐篷（Black Tent，又称黑帐篷式）。圆形帐篷（Yurt），平面多呈圆形，属于框架式结构，用木条编成可开可合的木栅作为墙壁骨架，再用绳索束紧骨架，然后于骨架外整体覆盖羊皮或毛毡，帐篷框架与篷毡相互独立；① 方形帐篷（Black Tent），平面多为方形，是由数根支撑木柱与具有一定张力的毛制篷毡相结合，四周用绳索悬拉固定，帐篷支撑木柱与篷毡互为支撑，缺一不可。② 这两类帐篷的分布范围各不相同，圆形帐篷主要分布在西起黑海，经中亚地区，东至蒙古高原东缘的欧亚草原地带；方形帐篷的分布则主要从突尼斯、埃及等北非诸国，经由中东阿拉伯地区，向东到阿富汗、巴基斯坦等地，其东部边界可达我国青藏高原及四川西北部羌塘草原地区。③

在中国境内，上述两大帐篷体系都有分布且各有渊源。相关研究则多集中于穹庐毡帐（圆形帐篷），这也与中古时期穹庐毡帐的使用族群及其在中国北方地区的广泛传播关系密切。随着拓跋鲜卑建立的北魏王朝入主中原，游牧族群的居室文化亦随之传入并逐渐融入人们的社会生活。吴玉贵先生在《白居易"毡帐诗"所见唐代胡风》④一文中，从白居易的十余首"毡帐诗"入手，结合文献材料，研究了毡帐与汉唐时期北方草原游牧民族的关系，特

---

① 中国大百科全书出版社编辑部编：《中国大百科全书：建筑·园林·城市规划》，中国大百科全书出版社 1988 年版，第 329 页。

② Roger Cribb, *Nomads in archaeology*, Cambridge: Cambridge University Press,1991, pp.85-86.

③ Angela Manderscheid, "The Black Tent in Its Easternmost Distribution: The Case of the Tibetan Plateau", *Mountain Research and Development*, Vol.21, 2001, pp.154-160.

④ 吴玉贵：《白居易"毡帐诗"所见唐代胡风》，见荣新江主编《唐研究》第五卷，北京大学出版社 1999 年版，第 401—420 页。

别详细讨论了"北朝穹庐之制"以及突厥兴起前后毡帐在黄河流域及以南地区的使用情况，并从北魏至唐代数百年间毡帐在功能和材质上的转变，指出作为北方游牧族群居室文化代表的穹庐毡帐，在不断南入中原的进程中所反映出的社会接受度和民众喜爱度，不论是毡帐演变成为以纺织品为材料的庆典用具，还是唐代贵族于皇宫、衙署式庭院生活中搭建毡帐，皆是体现唐代"胡风"盛行社会状况的绝佳材料。吴玉贵先生的研究主要以文献资料为基础，从史学分析的角度为毡帐研究、中古族群交融背景下的社会生活研究提供了有效范式。葛承雍先生《丝路商队驼载"穹庐"、"毡帐"辨析》[①]一文结合文物考古与文献资料，以北朝至隋唐时期考古材料中的载物骆驼俑为核心，分析研究其驼载物品中一类一直被认为是"货架"的物品，指出此类原被笼统认为是"货架"的物品中应有相当一部分其实应该是"穹庐"、"毡帐"的支撑架子，并注意到其中一些骆驼俑背上甚至还同时驮负有帐篷顶圈的物品，这些驼载帐篷支架和顶圈的形象，反映出北朝时期丝路重兴，胡人商队入华繁荣贸易的漫长路途中商队生活的真实场景。葛承雍先生的研究为帐篷研究提供了新的研究视角，为整理帐篷形象，尤其是整理框架式圆形帐篷材料提供了辨析材料的新思路。吕红亮先生《"穹庐"与"拂庐"：青海郭里木吐蕃墓棺板画毡帐图像试析》一文从青海郭里木吐蕃墓地发现的吐蕃棺板画入手，结合大量民族志与文献资料，指出该吐蕃彩绘棺板画中不论是郊外宴饮所使用的大帐篷还是丧葬仪式中的小帐篷，都应属于欧亚大陆普遍流行的蒙古包式帐篷（Yurt），即汉文史料中的"穹庐"形象，并不是吐蕃文献中记载的传统帐篷"拂庐"即黑帐篷（方形帐篷）的形象，其在考辨"穹庐"与"拂庐"时引入大量民族志资料，对于帐篷的谱系研究极具启发意义。[②]青海郭里木吐蕃墓地出土的这批棺板画为研究吐蕃时期青藏高原居室文化与社会生活提供了重要资料，关于棺板画彩绘图像内容的观察和考辨，学界曾

---

① 葛承雍：《丝路商队驼载"穹庐"、"毡帐"辨析》，《中国历史文物》2009 年第 3 期。
② 吕红亮：《"穹庐"与"拂庐"——青海郭里木吐蕃墓棺板画毡帐图像试析》，《敦煌学辑刊》2011 年第 3 期。

有过一系列热烈讨论①，其中不乏涉及棺板画呈现场景中的圆形毡帐。

罗世平先生在对棺板画彩绘图像内容逐一辨识过程中，指出棺板画所呈现的内容多是以毡帐为核心、围绕毡帐而展示的宴饮场景，并根据汉藏文献将此类场景命名为"拂庐宴饮"，这种以帐篷为画面中心的场景，应与吐蕃会盟、婚丧嫁娶等宴会活动密切相关。杨泓先生从山西太原、河北磁县、河南洛阳地区北朝时期墓葬随葬品中骆驼俑驼载的帐幕部件即帐篷支撑架子和顶圈着手，结合大同北魏墓葬出土陶质帐房模型以及沙岭太延元年墓葬壁画等材料，描绘鲜卑族游牧生活所使用的"穹庐"式毡帐的具体形态，并由此探讨山西大同云冈石窟早期洞窟形式的问题，指出昙曜五窟的椭圆形平面、穹隆顶的窟形并非过去认为的"仿印度草庐式"，而应该是鲜卑民族传统游牧居室文化的代表——穹庐的形式，即将象征皇帝的佛像供奉进如穹庐毡帐形式和性质的石窟中，"是 5 世纪中期平城僧俗工匠在云冈创造出的新模式"，②云冈石窟这种从"穹庐"到"殿堂"的窟形转变，则体现了拓跋鲜卑融入中华民族的历史进程。③

魏晋至隋唐时期是中国历史上"胡风"东渐并最终盛行的时期，所谓"胡风"，指的是中古时期社会各阶层于物质生活所体现出的并非汉民族原有的社会风俗，这种风俗随着拓跋鲜卑统一中国北方而渐入中原，并于唐时成为被广为接受的一种社会风尚而盛行于唐人生活，其中既有随着丝绸之路

---

① 许新国：《郭里木吐蕃墓葬棺板画研究》，《中国藏学》2005 年第 1 期；许新国：《试论夏塔图吐蕃棺板画的源流》，《青海民族学院学报》（社会科学版）2007 年第 1 期；程起骏：《棺板彩画：吐谷浑人的社会图景》，《中国国家地理》2006 年第 3 辑；罗世平：《棺板彩画：吐蕃人的生活画卷》，《中国国家地理》2006 年第 3 辑；林梅村：《棺板彩画：苏毗人的风俗图卷》，《中国国家地理》2006 年第 3 辑；李永宪：《再论吐蕃的"赭面"习俗》，《政治大学民族学报》2006 年第 25 期；霍巍：《西域风格与唐风染化：中古时期吐蕃与粟特人的棺板装饰传统试析》，《敦煌学辑刊》2007 年第 1 期；霍巍：《青海出土吐蕃木棺板画的初步观察与研究》，《西藏研究》2007 年第 2 期；仝涛：《木棺装饰传统——中世纪早期鲜卑文化的一个要素》，载《藏学学刊》2007 年第 3 辑，四川大学出版社 2007 年版；等。

② 宿白：《平城实力的集聚和"云冈模式"的形成与发展》，见宿白主编《中国石窟寺研究》，生活·读书·新知三联书店 2019 年版，第 130—167 页。

③ 杨泓：《从穹庐到殿堂——漫谈云冈石窟形制变迁和有关问题》，《文物》2021 年第 8 期。

的繁荣贸易从北方和西域等地传入的风俗，也有延续魏晋南北朝时期南下的游牧民族的遗留风俗。[①] 郑君雷先生曾指出，在游牧性质遗存的判定标准中，庐帐是一项重要指标，它是游牧民基本住宅样式，至迟自西汉，北方游牧族群已经普遍使用庐帐作为住宅。[②] 因此，作为游牧民族传统居室文化典型载体的帐篷，在关于"胡风"主题的诸多研究中，或多或少皆有论及。美国学者谢弗在《唐代的外来文明》[③] 一书中对毡帐的帐衣材料——毡作了详细论述，指出虽然至唐代社会已经广泛使用毡做帘幕、帐篷等覆盖物，但在中国人心中，毡与酪一样，更具有游牧生活的特点，并且唐朝人对游牧生活的描述也总是突出地强调毡这一类极具特色的物品，能够看到唐人对游牧人群的鲜明特征具有普遍认知。关于粟特美术题材的研究中，许多学者也注意到毡帐相关题材并提出了重要认识。张庆捷先生在研究北朝隋唐时期经常出现在墓葬随葬品中的一类载物骆驼俑时，指出此类骆驼俑所负载的物品中除了丝绸之外，往往还有水壶、毡帐等物品，通过一种框架结构的驼架实现骆驼的运输载物，这些驼载物品很有可能是商队贸易过程中的旅途生活品；[④] 同时，他还敏锐地注意到，在诸多框架结构的驼架之中，有"一种骆驼所载的用木条制成的驼架"，很可能具有用于搭建帐篷的功能而被商队在夜晚住宿时所使用[⑤]。荣新江先生在研究北朝时期粟特人石质葬具时，通过考察日本 Miho 美术馆收藏的粟特石棺床、史君墓出土的石椁等葬具上的浮雕图像和图像组合，认为 Miho 美术馆石棺床葬具 D 板上的"粟特驼队出行图"中骆驼背上的驼载物品，很可能是粟特商队从一个聚落向另一个目的地行进途中使用的

---

① 关于胡风的研究可参见向达《唐代长安与西域文明》，商务印书馆 2015 年版，第 3—121 页。

② 郑君雷：《关于游牧性质遗存的判定标准及其相关问题——以夏至战国时期北方长城地带为中心》，载《边疆考古研究》第 2 辑，科学出版社 2004 年版，第 425—457 页。

③ [美] 爱德华·谢弗著：《唐代的外来文明》，吴玉贵译，陕西师范大学出版社 2005 年版，第 259 页。

④ 张庆捷：《北朝隋唐的胡商俑、胡商图与胡商文书》，见朱杰勤主编《中外关系史：新史料与胡商文书》，科学出版社 2004 年版，第 195—196 页。

⑤ 张庆捷：《北朝入华外商及其贸易活动》，见张庆捷等主编《4—6 世纪的北中国与欧亚大陆》，科学出版社 2006 年版，第 28、31、32 页。

帐篷和旅途用品，这些骆驼负载物应是实用物品而并非普通商品。[①] 吕一飞在《胡族习俗与隋唐风韵》[②]一书中，提及北方游牧民族的居住形式，即毡帐（穹庐、百子帐），对其形状、材料、结构及演变从史学角度做了详细描述。蔡鸿生在《唐代九姓胡与突厥文化》[③]中专门论及突厥帐，并结合阴山发现的古突厥毡帐岩画[④]，佐证了"穹庐为帐毡为墙"[⑤]一语的内容。

关于游牧帐篷的类型也有诸多学者做过专题研究，澳大利亚学者 Roger Cribb 在《游牧考古》一书中有专文对游牧建筑及其内部空间进行研究，作者以其在土耳其和伊朗田野调查所获不同类型的帐篷营地资料为基础，对游牧帐篷进行类型学分析，梳理了交汇于近东的两大拥有完全独立起源和建筑原则的帐篷传统的内涵，一种是基于蜂窝状结构的中亚帐篷（yurt 或 kibitka），是一种由弯曲的支撑杆围墙（肋材）与顶部圆形轮框共同构成的框架式半球形建筑结构；另一种是基于中东本地居住传统的黑帐篷，其建筑原则与中亚帐篷完全不同，是一种由帐篷布与支撑架子共同作用的可以扩展的建筑结构。同时，作者还对田野调查所获其他帐篷类型进行分析，指出无论是安纳托利亚和伊朗发现的筒形穹顶帐篷还是常见于安纳托利亚托罗斯等地的横梁形帐篷，应该皆为两大帐篷传统在当地进化发展而形成的地方类型。[⑥]Peter Alford Andrews 在《中东游牧帐篷类型》中对中东地区的游牧帐篷进行了全面整理并分类分析[⑦]；还专门撰文对流行于土耳其和蒙古草原游

---

①  荣新江：《Miho 美术馆粟特石棺床屏风的图像及其组合》，载《艺术史研究》第 4 辑，中山大学出版社 2002 年版，第 199—221 页。荣新江：《北周史君墓石椁所见之粟特商队》，《文物》2005 年第 3 期。

②  吕一飞：《胡族习俗与隋唐风韵：魏晋北朝少数民族及其风俗对隋唐的影响》，书目文献出版社 1994 年版，第 81—83 页。

③  蔡鸿生：《唐代九姓胡与突厥文化》，中华书局 1998 年版，第 192 页。

④  盖山林：《阴山岩画》，文物出版社 1986 年版，第 382 页，第 700 图。

⑤  （宋）李昉等编：《太平广记》卷一七三，中华书局 2003 年版，第 1282 页。

⑥  Roger Cribb, *Nomads in archaeology*, Cambridge: Cambridge University Press, 1991, pp.84 -112.

⑦  Peter Alford Andrews, *Nomad Tent Types in the Middle East, Part* Ⅰ *Framed Tents*, Wiesbaden, Germany: L. Ludwig Reichert Verlag, 1997, pp.3 - 7.

牧民族的中亚圆形帐篷进行过系统讨论①。这些对于中东、中亚地区帐篷类型、营地遗址的研究，为认识不同类型帐篷的结构、分布地域范围以及各自发展谱系等重要问题提供了资料，也为梳理中国北方地区的这些帐篷形象提供了技术性参考。此外，日本学者江上波夫曾研究并论证古代匈奴民族的居所（毡帐）的三种构造形式：居室固定在车之上，即使停车时居室亦附于车上的"甲类"结构；居室与车可以分离，较长停宿某地点时居室可从车上分解开来，置于地上用于起居的"乙类"结构；居室为折叠式帐篷载于车上，停留居宿时由车上卸下装配搭建为居所的"丙类"结构。②

　　另一方面，关于帐篷所代表的游牧人群的相关研究，随着考古学方法与理论的发展、科学技术的引入，越来越多地引起学界的关注。相较于定居人群，属于移动人群范畴的游牧人群很少留下丰富的物质踪迹，这使得长久以来考古学家对游牧人群的生活面貌了解相对不足。自 20 世纪 60 年代以来，随着新考古学倡导的"民族志考古"和后过程考古学提倡的"景观考古"互相交织，以及考古学新技术（高精度测年、GIS、产地分析等）的发展，中外考古学家已经逐渐建立起一套独特的移动人群遗址调查和研究的方法，为从考古学角度探讨移动人群的历史增加了新的途径。特别是随着近年来欧亚草原、近东以及北非地带考古资料的爆发性增长，游牧考古学也已经成为西方考古学界的研究热点。相对而言，以"复原历史"为宗旨的中国考古学，发掘中国腹地定居农耕文明为特色的华夏文明史，是长期以来的关注重心与工作重点，对于分布于"华夏边缘"的诸多移动人群并未予以更多重视。直至近年来，才逐渐有中国学者开始对相关话题展开研究，如陈胜前关于中国史前狩猎采集者进行的模拟研究③，杨建华对中国北方文化带形成过程长时

---

① 　Peter Alford Andrews, "The White House of Khurasan: The Felt Tents of the Iranian Yomut and Gökleñ", *Iran*, Vol. 11,(1973, pp.93 - 110.

② 　[日] 江上波夫著，王子今译：《匈奴的住所》，《西北史地》1991 年第 3 期。

③ 　陈胜前：《中国狩猎采集者的模拟研究》，《人类学学报》2006 年第 1 期。

间段的考察①，王建新在新疆天山地区游牧遗址的发掘工作②等，都是中国考古学家开展的关于游牧考古主题的积极研究。而历史学家狄宇宙（Nicola Di Cosmo）③和人类学家王明珂④发表的一系列关于早期游牧历史的论著研究，为理解关于早期中国北方多元游牧社会的人类生态本相提供了新认识，亦为研究中古中国族群互动提供了重要视角。

## 二、本书研究议题及章节

中国境内，圆形帐篷即框架式帐篷（Yurt）和方形帐篷即黑帐篷（Black Tent）两大帐篷体系，皆有分布且各有渊源。目前，根据考古材料所见帐篷形象五十余例，既有圆形帐篷，也有方形帐篷，以圆形者居多。这些帐篷形象涉及的载体主要有陶质模型、葬具图像和壁画三大类。

另一方面，自北朝伊始，墓葬中开始出现并渐趋流行一种负载木排状物品及囊袋、水壶、卷毡和动物等组合的骆驼形象，或作为俑类随葬品随葬墓内，或作为图像场景内容出现于墓葬壁画和画像砖中。笔者同意葛承雍等先生的观点⑤，认为出现在骆驼负载物中的一类木排状物品应是"穹庐"毡帐的支撑架子，即折叠式帐篷的组成部分，其与水壶、卷毡等用品共同出现于骆驼负载物品中，生动形象地展示了中古时期商队旅途中人们的日常所需和生活场景。根据民族志材料可知，蒙古包式帐篷的墙体框架一般由一系列可活动的木构架交叉连接而成，将框架竖立成围壁以形成所需的圆形空间，帐顶圆形，呈车辐状，以一系列弯曲而有韧性的木条将其与围壁连接起来。这

① 杨建华：《春秋战国时代中国北方文化带的形成》，文物出版社 2005 年版。

② 王建新：《中国北方草原地区古代游牧文化考古研究中若干问题的探讨》，《西部考古》2006 年第 1 期；王建新、席琳：《东天山地区早期游牧文化聚落考古研究》，《考古》2009 年第 1 期。

③ Nicola Di Cosmo, *Ancient China and its Enemies: The Rise of Nomadic Power in East Asian History*, Cambridge: Cambridge University Press, 2002.

④ 王明珂：《游牧者的抉择：面对汉帝国的北亚游牧部族》。

⑤ 葛承雍：《丝路商队驼载"穹庐"、"毡帐"辨析》，《中国历史文物》2009 年第 3 期；杨泓：《从穹庐到殿堂——漫谈云冈石窟形制变迁和有关问题》，《文物》2021 年第 8 期。

种结构便于拆卸和组装，适应游牧人群"逐水草而居"的生活方式。在需要迁徙的时候，牧民将帐篷拆卸，把围壁架子拆开折叠收起后置于车上或骆驼双峰两侧。考古材料所见驼载物品中的此类木排状物品，不论形态还是装载方式皆与其极为相近。

因此，本研究既关注考古材料所见帐篷形象的直接证据，也梳理分析作为帐篷存在间接证据的载帐架骆驼形象，在整合文物考古资料的基础上，对帐篷形象的类别、地域分布、时代特征进行整体分析和综合考察，研究不同帐篷类型的谱系源流，探讨魏晋至隋唐这一漫长而繁荣的历史时期中，帐篷这类极具游牧族群特征的代表物于不同阶段、不同地域所呈现出的各不相同的演变进程和显著特点，并以其为基础，观察不同帐篷类型出现于不同场景时所反映社会生活的不同侧面和历史真实，如郊游宴饮、婚丧礼俗、商队贸易等，以及毡帐南入中原后功能上出现的转变等一系列问题，从而探究穹庐毡帐这种典型游牧族群居所形象在中国中古社会演进过程中体现出的族群互动与文化交往，为唐代的"胡风"盛行提供新的观察视角。

第一章帐篷形象的类型，全面梳理考古材料所见魏晋至隋唐时期与帐篷形象相关的直接和间接资料，其中帐篷形象近 50 例、载帐架骆驼俑 40 余例，分别对其进行考古类型学分析。根据帐篷底部平面形制不同，分为圆形和方形两大类。圆形帐篷根据顶部结构不同分为 A 型和 B 型两类；方形帐篷数量较少，但观察其形制和相关出土特征判断应属于不同谱系，故为了便于分析，根据帐篷机制差异，亦分为 A 型和 B 型两类。这些帐篷形象的载体可以分为陶质模型、葬具图像、墓葬壁画和石窟寺壁画等类别，体现出的文化内涵各不相同。载帐架骆驼形象方面，主要以驼俑资料为基础进行考古学分析，根据骆驼俑所驮载帐架的形态特征，将载帐架骆驼俑分为 4 式。整体而言，骆驼俑所载帐架形态具有阶段性变化特点，呈现由厚重写实向轻薄抽象发展的趋势。

第二章帐篷形象的时空特征，分析考古材料所见魏晋至隋唐时期中国境内发现的与帐篷有关的直接和间接材料，探讨其反映出的地域特征和时代特点。从已有资料可知，这一时期帐篷及与帐篷相关的载帐架骆驼俑的资料，皆发现于中国北方地区。魏晋时期（公元 4 世纪），帐篷资料仅出现在河西地区此时期画像砖墓的壁画中，内容主要是河西地区少数民族的日常生活和当地屯营驻军使用帐幕的场景。北魏定都平城时期（公元 5 世纪），帐篷形象均发现于平城地区即今山西大同一带，这一时期的帐篷形象既有北魏沙岭壁画墓南壁壁画上出现的穹庐毡帐形象，也有北魏雁北师院墓群出土的陶质帐房模型随葬品，此类陶质帐房模型亦是目前所见帐篷形象的唯一实物模型资料，不论圆形帐房还是方形帐房都极具特色，属于北魏平城时期的新类型，应该是北魏政权初建阶段鲜卑族与汉族在文化交往、族群交融进程中所形成的平城模式的产物。北魏迁都洛阳至唐初（公元 5 世纪末至 7 世纪初），帐篷形象集中出现于 6 世纪后半叶即北朝后期的西安、太原两地。其中既有便于携带的小型圆帐篷形象，也有建筑复杂、形制讲究的方形大帐形象。同时，载帐架骆驼俑也于这一阶段开始出现，目前所见材料皆为北魏迁都洛阳之后出现，最早的一件为北魏孝明帝正光五年（524）河北曲阳发现的北魏营州刺史韩贿妻子高氏墓所出。诸多事实显示，这一阶段在族群交融、文化互动大环境下出现了新主题和新风格。唐代即公元 7 世纪至 10 世纪初，考古发现的帐篷形象虽然有限，但文献中却屡见记载，并且载帐架骆驼俑的数量呈爆发式增长，普遍见于中国北方地区，尤其以黄河流域为分布中心区，其帐架形制由最初的厚重写实最终演变为象征符号的模式化，体现出唐代社会对于毡帐所代表的外来风尚的普遍接受和喜好。从帐篷的空间分布能够看到中国中古时代政权迁移更迭的历史真实，不论是拓跋鲜卑的北魏政权不断南迁，还是隋唐帝国的定都中原，族群交往和文化传播在整个魏晋至隋唐时期呈现出一种由西向东的趋势，胡风亦最终发展成为唐帝国时期被整个社会所喜爱的流行风尚。

第三章帐篷形象的谱系，对考古材料所见帐篷的类型进行谱系研究。考古材料所见帐篷类型可以分为圆形帐篷（Yurt）和方形帐篷（Black-Tent）两大类型，集中分布于中国北方地区，其分布和演进过程与不同时期游牧族群的发展密切相关。随着鲜卑、突厥等民族的南迁，圆形帐篷系统在中国北方地区的传播显示出明显的时代特征。而作为蒙古包式帐篷系统一员的平城模式方形帐房的出现，直接为我们呈现出北魏早期政权建立过程中鲜卑族与汉民族之间文化融合的情景；北朝后期在华西域人石质葬具浮雕图像中方形帐篷（即黑帐篷）和圆形帐篷（即蒙古包式帐篷）以及相关的骆驼俑、商队出行场景的出现，则从不同角度展示了这一时期伴随丝绸之路复兴而繁荣发展的中西贸易交往盛况。

第四章帐篷与中古社会生活，通过帐篷形象相关题材探讨魏晋至隋唐时期古代中国社会发展进程中的物质社会生活和文化交往情景，并对毡帐于墓葬规制产生的影响进行讨论。不论是北朝时期粟特人石质葬具浮雕壁画中的商旅出行、郊外宴飨、宴饮舞蹈的图像场景，还是从北魏迁都洛阳后开始出现的载帐架骆驼形象的持续演进，以及敦煌莫高窟从盛唐时开始出现并延续至五代时期的嫁娶图像，都为理解中古时期社会生活和时代风尚提供了一个具体而翔实的图景。随着"胡商"的入华贸易，远至中亚的外来文明与胡族习俗也随之渐入中华。石质葬具上的浮雕图案为我们了解"胡商"的商旅活动、日常生活提供了宝贵的图像资料。从考古学角度观察，如果说唐代墓葬普遍出现的载帐架骆驼俑显示的是彼时丝绸之路交往繁荣、胡人商队贸易兴盛，那么巩义北窑湾武则天迁都洛阳时期墓葬中随葬陶质毡帐模型器的现象，则或许为我们理解游牧居室文化融入唐代各阶层社会生活提供了一个最好的实物例证。"帐与墓葬规制"，则尝试探讨北魏后期开始出现的一类新的墓葬形制——圆形墓葬的出现和发展动因。通过圆形墓葬材料的梳理，看到该形制墓葬的最初使用者是北魏后期统治集团中汉族门阀代表崔氏家族，圆形墓葬的形式很可能是对鲜卑游牧居室文化——毡帐的理解而产生，表达了汉族门阀世家对于鲜卑文化的接受，反映出北魏迁都洛阳后鲜汉族群进一步融合的社会态势。

结语：由帐篷所见中古族群互动，总结绘制以毡帐作为观察视角的魏晋至隋唐时期族群互动交往图景。中古时期北方游牧民族南下中原，不论是以拓跋鲜卑为核心的北魏政权逐渐南迁最终定都洛阳，还是隋唐时期突厥强盛，游牧人群与定居人群的交往活动频繁丰富，尤其是随着丝绸之路的复兴，来自于中亚的胡人、胡商带来了繁荣的商贸交往，中原与中亚之间经济、文化交往呈欣欣向荣之势。毡帐，作为游牧民族的传统居室文化标志，随着中古中国不同阶段的权力迭变而逐渐在中国北方地区流行开来并最终普及兴盛，被各阶层人群接受喜爱，至公元 8 世纪中叶的盛唐时期已经普遍出现于以黄河流域为核心的大中原地区，为我们理解魏晋至隋唐这一漫长而浪漫的古代中国重要发展阶段的族群交往，提供了一个"看之有物、观之有景"的动态图景。

# 第一章 帐篷形象的类型

本章全面系统地梳理魏晋至隋唐时期中国境内所见帐篷及与之相关的考古材料，范围包括随葬品、墓葬壁画、石窟寺壁画等，并对其进行类型学分析，从结构、形制等方面全面考察帐篷形象及与之密切相关的驼载帐架形象，归纳其发展演变的一般规律。

## 一、考古材料所见的帐篷

### （一）直接证据——帐篷形象

目前，通过梳理考古材料所获帐篷形象的直接数据共计 49 例（详见附表一），载体类型主要有陶质模型、葬具图像和壁画三大类。

#### 1. 陶质帐房模型

陶质帐房模型器共 6 件，均系墓葬随葬明器，5 件出土于北魏平城地区（今山西大同）墓葬，1 件出土于盛唐时期洛阳地区墓葬。

（1）大同雁北师院北魏墓群出土陶质帐房模型[①]

2 号墓（M2）出土陶质帐房模型 3 件，其中圆形帐房 1 件、方形帐房 2 件。

圆形帐房（标本 M2：86），直径 24.6 厘米、高 18.2 厘米，出土于墓室

---

[①] 大同市考古研究所、刘俊喜主编：《大同雁北师院北魏墓群》，文物出版社 2008 年版，第 66—68 页，图版 38—42。

中部。整个帐房模型由下部圆形的围壁和上部隆起的顶盖两部分组成，上下之间有突棱一道。帐房底部平面呈圆形，直径 24.6 厘米，围壁高度 10.4 厘米。正中开门，宽 6.2 厘米、高 8 厘米，门楣向前突出且比门框略宽，其上有红色彩绘的两枚门簪，门框三边和围壁的底边绘有红色彩绘。帐房上部为毡或其他织物覆盖于伞形支架之上形成的半球形隆起顶盖，顶盖外表遍涂黑彩，顶部正中绘圆形顶圈，外径 6.9 厘米。圆形顶圈外围彩绘有 13 条红线呈放射状下垂，与围壁处所绘 9 个花形挽结图案相连接，示意多道绳索从上到下对帐房进行了全方位绑缚固定（图 1-1，1、2）。

方形帐房（标本 M2：72、73），2 件，形制相同。帐房平面近方形，整体呈长方体，向上逐渐收分，顶部收至两坡面，其上覆盖毡毯，顶部中间有 2 个天窗。帐房正面边缘有红色彩绘，中下部开门，门的底边和两侧边皆用红色彩绘，门楣向前突出且略宽于门框，其上彩绘红色门簪 3 个。门楣可见 1 条红色彩绘线，该线上方绘有红色图案。门两侧各有 1 个长方形窗户，内涂黑彩，外用红线涂框。帐房的两侧壁正中各绘有 1 个长方形窗户，亦是内涂黑彩外用红彩涂框。帐房后壁浮塑 1 条绳索，绳索一端为分叉固定状，另一端穿过一圆环直通天窗，表示该绳索的松紧可调节，其功用应是用于控制天窗的开启闭合（图 1-2、图 1-3）。

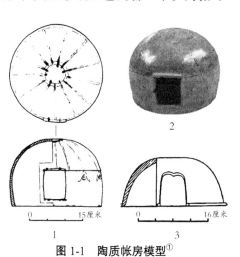

**图 1-1　陶质帐房模型**[①]

1.2. 大同雁北师院北魏墓 M2：86（线图、图版）　3. 巩义市北窑湾唐墓 M6:30 线图

---

[①]　大同市考古研究所、刘俊喜主编：《大同雁北师院北魏墓群》，第 68 页，图版 42；河南省文物考古研究所、巩义市文物保管所：《巩义市北窑湾汉晋唐五代墓葬》，《考古学报》1996 年第 3 期。

图 1-2　大同雁北师院北魏墓出土陶帐房模型<sup>①</sup>

1. 方形帐房（M2:73）　2. 方形帐房后视（M2:73）　3. 方形帐房顶部（M2:73）

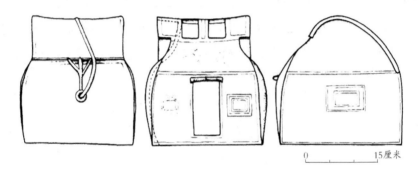

图 1-3　大同雁北师院北魏墓出土陶帐房模型（M2:73）线描图<sup>②</sup>

　　雁北师范学院北魏墓群位于大同市南郊区水泊寺乡曹夫楼村东北 1 公里处，共清理 11 座墓葬。3 件陶帐房模型均出土于 2 号墓，该墓为砖砌单室墓，由墓道、甬道、墓室组成，墓葬南北总长 30.49 米，墓室平面近弧边正方形。墓葬时代为北魏定都平城时期（398—494）。墓内随葬器物丰富，包括陶质镇墓武士俑、镇墓兽、生活用具模型（碓、井、灶、磨）、男女侍俑以及动物模型（狗、猪、羊）等。此外，该墓还出土陶质卷棚车 2 件、鳖甲形车 2 件。雁北师院墓群中另一座长方形斜坡墓道砖砌单室墓（北魏太和元年（477）宋绍祖墓）中也出土有同类卷棚车和鳖甲形车模型。

① 大同市考古研究所、刘俊喜主编：《大同雁北师院北魏墓群》，图版 41。
② 大同市考古研究所、刘俊喜主编：《大同雁北师院北魏墓群》，第 68 页。

（2）北魏司马金龙墓出土陶质帐房模型[①]

共出土陶质帐房模型2件，釉色不同，一件为酱褐色，另一件为绿色。两件帐房模型的形制相同，底部平面呈方形，四壁略外鼓，至顶部逐步收拢，后壁在房顶处稍收并隆起，与前壁相接。帐房前顶部开有2个长方形天窗。帐房前壁居中开长方形门，门楣突出并比门框略宽。此外，酱褐色釉帐房帐身周壁还隐约可见白色彩绘窗（图1-4、图1-5）。

北魏司马金龙墓位于山西省大同市东南约13公里，石家寨村西南1里，大同至浑源公路西侧。该墓为大型多室砖墓，由前室、后室和耳室组成，通过甬道连接，墓葬南北长达45.6米，主墓室平面呈正方形，四壁外弧。出土大量随葬釉陶俑群，包括镇墓武士俑、镇墓兽、大型出行仪仗俑队、男女侍俑、乐舞俑、庖厨俑、动物模型俑，共计450余件，其中以武士俑、骑马俑数量最多，合计210件，占陶俑总量一半以上。此外，该墓葬还出土石棺床、石雕柱础、木板漆画以及3方石质墓志，表明该墓为死于北魏太和八年（484）的北魏琅琊王司马金龙夫妇的合葬墓。

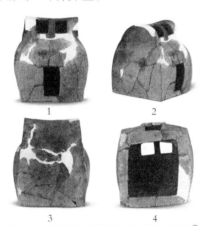

**图1-4 司马金龙墓出土陶帐房模型[②]**

1.正面 2.侧面 3.背面 4.底面

---

① 王雁卿：《北魏司马金龙墓出土的釉陶毡帐模型》，《中国国家博物馆馆刊》2012年第4期；山西省大同市博物馆、山西省文物工作委员会：《山西大同石家寨北魏司马金龙墓》，《文物》1972年第3期。

② 王雁卿：《北魏司马金龙墓出土的釉陶毡帐模型》，《中国国家博物馆馆刊》2012年第4期。

图 1-5　司马金龙墓出土陶帐房模型线描图[1]

（3）巩义北窑湾汉晋唐五代墓葬出土陶质帐形器[2]

6 号墓（M6）出土陶质帐形器 1 件（标本 M6：30）。帐形器平面呈圆形，底径 24.7 厘米、高 11 厘米。形似蒙古包，有长方形开口（门），开口上部为垂帐形，帐门宽 6 厘米、高 8.3 厘米。帐形器外部通施红彩（图 1-1，3）。

巩义北窑湾墓地位于河南省巩义市东北约 10 公里的站街镇北窑湾村东岭上，共发掘 26 座墓葬，时代涵盖东汉、西晋、唐、五代，其中以唐代墓葬为最多。出土帐形器的 6 号墓为单室砖墓，由墓室和墓道组成。墓室平面近方形，随葬镇墓兽、武士俑、牛车、仪仗俑、男女侍俑、乐舞俑以及庖厨明器和家具模型等，随葬品数量丰富。根据报告推测，6 号墓的时代应在 7 世纪末叶武则天迁都洛阳时期。

### 2. 葬具图像中的帐篷形象

共见帐篷形象 16 例，载体主要有两类：一类是出现于北朝后期的粟特人石质葬具，见各类帐篷形象 9 例；另一类是唐代青海吐蕃墓葬所出木质棺板葬具，见帐篷形象 7 例。

（1）西安北周安伽墓围屏石榻上的帐篷形象[3]

围屏石榻浮雕图像中见帐篷形象 5 例，其中圆形帐篷 3 例、方形帐篷 2 例。

左侧屏风第 3 幅，图像上半部分画面右侧放置一圆形穹窿顶毡帐，整体

① 王雁卿：《北魏司马金龙墓出土的釉陶毡帐模型》，《中国国家博物馆馆刊》2012 年第 4 期。

② 河南省文物考古研究所、巩义市文物保管所：《巩义市北窑湾汉晋唐五代墓葬》，《考古学报》1996 年第 3 期。

③ 陕西省考古研究所编著：《西安北周安伽墓》，文物出版社 2003 年版，第 23—24、32—33、36—38 页，图版 33、34、57、58、70、71。

为瘦高圆柱体，顶及周壁为虎皮纹色，门楣一周及门框涂红色；帐内坐有 3 人，其面前有一贴金大盘，盘内有各种饮食器皿；帐门左前方有一侍者，毡帐右侧立 3 名侍者，图像呈现的是野地宴饮的场景（图 1-6，1、6）。

正面屏风第 1 幅，图像上半部为一方形大帐，顶部为两坡面，坡度较小，正中装饰日月徽标；帐门侧开，顶涂红色并刻绘花叶，柱为红色木柱，柱头雕刻莲蓬，帐内共有 10 人，图像呈现的是奏乐舞蹈内容（图 1-7，1、4）。

正面屏风第 4 幅，图像下部有一方形毡帐，顶部似为人字顶，坡度较小，正中亦有饰日月徽标；门张开，顶为白色织物，檐、柱饰金色连珠纹，柱顶刻绘三叶花，檐下线刻波浪纹，帐内贴金；帐中放置榻 1 副，其上铺黑色毡毯，毡上置几，两人凭几对坐，其旁还有 3 名侍者，图像呈现的是博弈场面（图 1-7，2、5）。

正面屏风第 5 幅，图像中右侧有一穹窿顶毡帐，毡帐形制较矮，门略大，周壁呈弧形，顶及周壁为虎皮纹织物，门楣一周及门框涂红色，门内有帷幔；帐内地面铺红色黑花毡毯，其上对坐两人，面前放置盛金色水果的高圈足金盘；毡帐左侧圆毯上跪坐 4 人，作交谈状；毡帐右前方似为烤肉场面；图像下部则为商旅休息的内容，右侧骆驼背载货物跪卧休息。整幅图像呈现的是商旅野宴的场景（图 1-6，2、7）。

右侧屏风第 2 幅，图像上半部有一虎皮纹穹窿顶毡帐，该帐形制较大，帐门宽大，周壁略呈弧形，顶部贴金并绘花叶，帐篷内涂红色并绘虎皮色方框；帐前置金色壶门坐榻 1 张，其上对坐两人，持金叵罗对饮；图像下半部为乐舞场景。整幅图像呈现的是宴饮奏乐舞蹈的内容（图 1-6，3、8）。

安伽墓位于西安市北郊未央区大明宫乡炕底寨村西北约 300 米，该墓为砖结构单室墓，由斜坡墓道、天井、过洞、砖封门、石门、甬道及墓室组成，全长 35 米。墓室为砖砌穹窿顶结构，平面基本呈方形，四壁略带弧凸。墓室中部偏北处放置围屏石榻 1 副，其上有彩绘浮雕图像。该墓墓主人为北周时期同州萨保安伽，入葬时间在北周大象元年（579）。

围屏石榻浮雕壁画中其他相关重要图像还包括有骆驼 1 例，中国式亭式高台建筑、凉亭、回廊各 1 例。

（2）西安北周凉州萨保史君墓石堂葬具上的帐篷形象 [1]

石堂葬具北壁 N1（由西向东编号）浮雕图像中见圆形帐篷 1 例，画面内容为商队野外露宿和贸易的场景。整幅画面可以分为上下两部分，圆形帐篷位于画面上部中心，门帘上卷，帘上栖有两只小鸟，帐内盘坐一头戴宝冠、身着翻领窄袖长袍的男子，手握一长杯。帐外树木茂盛，空中有两只大雁。帐前靠右侧铺设有一椭圆形毯子，其上跪坐 1 位头戴毡帽的长者，亦手握长杯，与帐中之人对坐，作饮酒状。帐两侧有 3 位侍者，左侧 2 位，右侧 1 位。画面下部为 4 名男子率领的商队，有 2 匹骆驼、2 匹马和 1 头驴，其中有 2 位男子正在交谈，两匹驮载货物的骆驼跪卧于地（图 1-6，9、10）。

史君墓位于陕西省西安市未央区井上村东，属于西安市中级人民法院新征地范围。该墓形制为长斜坡土洞墓，由墓道、天井、过洞、甬道和墓室等组成，全长 47.26 米。墓室平面近方形，于墓室中部偏北处置有一汉文题铭自名"石堂"的石质葬具。出土随葬品较少，均出于石堂内填土中。该墓是北周凉州萨保史君夫妇合葬墓，时间在北周大象二年（580）。

石堂葬具外观呈仿木结构单檐歇山顶殿堂式建筑，坐北朝南，面阔五间，进深三间，由底座、四壁和屋顶三部分组成。四壁分别浮雕有四臂守护神、祆神、狩猎、宴饮、出行、商队、祭祀和升天等题材的图像。石堂葬具外壁浮雕中的其他重要图像还有狩猎及商队出行图，位于石堂西壁 W3 图案下部，内容为在山石、树丛中的狩猎和商队出行场景，画面上部为狩猎图，画面下部是一个由马、骆驼和驴组成的商队，其中骆驼背上驮载椭圆形行囊，两侧挂有卷束的毡毯。

（3）Miho 美术馆粟特石棺床葬具上的帐篷形象 [2]

石棺床围屏浮雕图像中见圆形帐篷 2 例。

---

① 西安市文物保护考古所：《西安北周凉州萨保史君墓发掘简报》，《文物》2005 年第 3 期。

② 荣新江：《Miho 美术馆粟特石棺床屏风的图像及其组合》，载《艺术史研究》第 4 辑，第 199—221 页；荣新江：《中古中国与粟特文明》，生活·读书·新知三联书店 2014 年版，第 333—356 页。

　　圆形大帐 1 例，位于石屏风 E 板上半部，即屏风正面第 2 幅[①]。穹庐形制较大，帐门开于两侧，有两根木构支柱，穹庐顶饰花叶纹饰。帐内为男女主人坐在榻上对饮，帐前有一舞者跳舞，其两旁为乐队。整组图案呈现的是宴饮场景（图 1-6，4）。

　　圆形帐篷 1 例，位于石屏风 C 板上部，即屏风左边第 3 幅上部。穹庐顶，周壁略外弧，帐门近方形，较小。整个帐篷仅顶与周壁相连处饰一周连珠纹及三周弦纹。一披发突厥首领坐在帐中接受随从的供食，帐外有席地而坐的侍者。中部是两匹无人骑乘的马，下面是两人骑马射猎的场景。整幅图像呈现的是野地营帐宴饮的场景（图 1-6，5）。

　　这套石棺床（围屏石榻）葬具由日本滋贺县美秀美术馆（Miho Meseum）收藏，整体结构由 2 个与床墙连成整体的门柱和 11 块石板组合而成。[②] 石屏风上浮雕图像内容丰富，包括宴饮图、盟誓图、葬仪图、出行图、狩猎图等。关于石棺床的年代，一些学者认为其特点显示的应是北齐时期的作品，也有学者认为其年代应在北周年间（557—581）[③]。

　　石棺床围屏壁上还见骆驼 1 例，位于石屏风 D 板，骆驼作昂首前进状，背上载着高大的包囊，一胡人牵其而行，骆驼的右侧和后面还各有一胡人随行，整幅图像呈现的是胡人商旅出行的场景。

---

① 　此处石屏风采用的编号及摆放顺序均依据 Miho 美术馆内石屏风的摆放及该馆展览图录的情况，其编号次序是从左到右依次编作 A—K。对于 Miho 美术馆对石屏风的拼组，荣新江先生认为存在偏差，在《Miho 美术馆粟特石棺床屏风的图像及其组合》一文中，结合安伽墓、虞弘墓出土石质葬具的浮雕图像顺序以及 Miho 石屏风背面铁钉的分布和组合等情况，对 Miho 美术馆所藏之石屏风的拼接情况作了一定调整。

② 　Miho 美术馆所藏石屏风的 2 个门柱和 11 块石板的来源不同。据介绍，11 块石板购自莱利东方艺术公司（J. J. Lally & Co.Oriental Art），最初购来时这些石板是散乱无序的，而两门柱采自香港的古董商。

③ 　[意]Matteo Compareti 著：《两件中国新见非正规出土入华粟特人葬具：国家博物馆藏石堂和安备墓围屏石榻》，李思飞译，载《丝绸之路研究集刊》第 4 辑，商务印书馆 2019 年版，第 73 页。

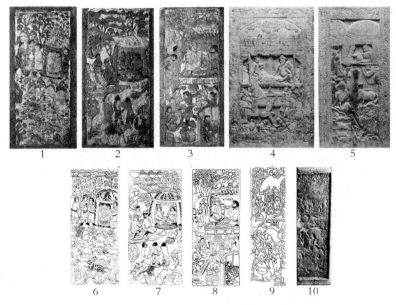

**图 1-6　石质葬具上的圆帐篷形象**①

1.6. 安伽墓围屏石榻左侧屏风第 3 幅（图版、摹本）　2.7. 安伽墓围屏石榻正面屏风第 5
幅（图版、摹本）　3.8. 安伽墓围屏石榻右侧屏风第 2 幅（图版、摹本）　4.5. Miho 美术
馆石棺床正面屏风第 2 幅、左侧屏风第 3 幅　9.10. 史君墓石堂北壁 N1（摹本、图版）

（4）太原隋虞弘墓石椁葬具上的大帐形象②

　　石椁葬具浮雕图像中见方形大帐 1 例，位于石椁椁壁浮雕第 5 幅图像中
部，表现为一大庐帐的后半部，中间高，两面低，呈坡状斜下至画面左右两边。
在斜顶和两边庐帐立柱上布满成串椭圆形连珠纹饰。整幅图像采用剖面雕绘，
既显示庐帐外形，又展示帐内情景。在帐内后部正中，是一个以连珠纹装饰
的帐幔式建筑，檐下设一个向前伸出的床榻，床榻上坐着一对头戴王冠的男
女，男左女右，女子正在陪男子饮酒。男女主人两侧各有 2 名男女侍者，亦

---

① 　陕西省考古研究所编著：《西安北周安伽墓》，图版 33、57、70，第 24、33、37 页；荣
　　新江：《Miho 美术馆粟特石棺床屏风的图像及其组合》，载《艺术史研究》第 4 辑，第
　　204、212 页；西安市文物保护考古所：《西安北周凉州萨保史君墓发掘简报》，《文物》
　　2005 年第 3 期。

② 　山西省考古研究所、太原市文物考古研究所、太原市晋源区文物旅游局编著：《太原隋
　　虞弘墓》，文物出版社 2005 年版，第 106—111 页。

为男左女右两两相对，均有头光和飘带。主人和侍者的前面是一片开阔场地，左右对称为 6 名男乐者，分别跪坐于画面两侧，每侧 3 人，均为后面排 2 人，有头光和飘带，前面 1 人，无头光和飘带。在场地中央，有一男子正在舞蹈。图像中所有人物均为深目高鼻。整幅图像呈现的是歌舞宴饮场景。（图 1-7，3、6）

虞弘墓位于山西省太原市晋源区王郭村南，该墓为砖结构单室墓，由墓道、甬道、墓门和墓室组成，全长 13.65 米。墓室平面呈弧边方形，墓室中部偏北处置 1 具汉白玉石椁。随葬器物仅见汉白玉质石俑、虞弘夫妇墓志、铜钱、白瓷碗等。该墓为隋代鱼国人虞弘夫妇合葬墓，虞弘葬于隋开皇十二年（592），其妻与之合葬于开皇十八年（598）。

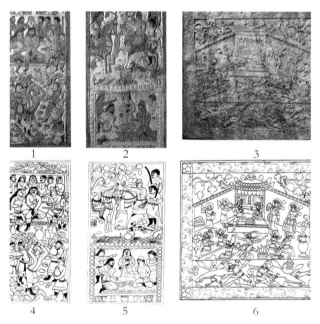

**图 1-7 石质葬具上的方帐篷形象** [①]

1.4. 安伽墓围屏石榻正面屏风第 1 幅（图版、摹本） 2.5. 安伽墓围屏石榻正面屏风第 4 幅（图版、摹本） 3.6. 虞弘墓石椁椁壁第 5 幅（图版、摹本）

---

[①] 陕西省考古研究所编著：《西安北周安伽墓》，图版 39、54，第 26、31 页；山西省考古研究所、太原市文物考古研究所、太原市晋源区文物旅游局编著：《太原隋虞弘墓》，第 106—107 页。

汉白玉石椁葬具的外观呈仿木结构单檐歇山顶殿堂式建筑，面阔三间，由椁顶、椁壁、椁座和廊柱组成，通体满饰浮雕和彩绘、墨绘装饰图像，画面繁多，内容丰富。以椁内壁浮雕加彩绘图像为整个石椁的主要画面，内容有宴饮图、乐舞图、狩猎图、酿酒图、家居图、出行图等；石椁外壁为墨线勾边、内填黑白二色的绘画，均为人物形象；椁座为浮雕与彩绘图像，内容为域外民族的生活情景。

（5）青海郭里木吐蕃木棺板画中的帐篷形象[①]

郭里木出土的吐蕃木棺板画属于可能是3具棺木中的5块侧板，可见线条清晰的帐房形象7例，均为顶部中央突起、开为喇叭形气孔的圆形毡帐。

郭里木1号棺的2个彩绘侧板分别为A板和B板，二者画面的叙事结构相同。A板彩绘画面中部偏右有2座前后相连的毡帐，帐内对坐举杯对饮男女2人，帐外为酒席，分散着各种形象的人物，或站或立，姿态各不相同，大帐右边棺板右上角绘有客射牦牛的情景，帐后有男女野合场景；棺板画面左半部主要表现有狩猎、驼运等场景。B板画面右侧低帮绘有小型毡帐1座，小帐形制与A板大帐相同，但形制较小，仅略与人高，帐衣绘有红黑彩对圆连珠纹饰，门帘开启可见其内似乎绘有类似棺木的彩绘线条，帐外上方绘4位女子，下方绘3位背向男子，隔帐稍远处绘有侍者、骆驼、盛酒的大罐等，以这个小型毡帐为中心表现的应是灵帐举哀的场景；B板左侧高帮处绘有1座大帐，帐门处有一跪坐男子正与人对饮，其旁有一女子手捧杯盏，帐外为宴饮酒席，人物众多，或站或坐，有宴饮者、敬酒者、侍者。结

---

[①]　许新国：《郭里木吐蕃墓葬棺板画研究》，《中国藏学》2005年第1期；《中国国家地理》2006年第3辑《青海专辑·》（下）收录的一组文章介绍了青海吐蕃棺板画，即：程起骏《棺板彩画：吐谷浑人的社会图景》，罗世平《棺板彩画：吐蕃人的生活画卷》，林梅村《棺板彩画：苏毗人的风俗图卷》；林梅村：《青藏高原考古新发现与吐蕃权臣噶尔家族》，载《亚洲新人文联网"中外文化与历史记忆学术研讨会"论文提要集》，香港，2006年；罗世平：《天堂喜宴——青海海西州郭里木吐蕃棺板画笺证》，《文物》2006年第7期；霍巍：《青海出土吐蕃木棺板画人物服饰的初步研究》，载《艺术史研究》第9辑，中山大学出版社2007年版，第264页；霍巍：《吐蕃系统金银器研究》，《考古学报》2009年第1期。参见马冬著《青海夏塔图吐蕃王朝时期棺板画艺术研究》，四川大学博士后研究工作报告，2010年，第29—39页。

合棺板右侧灵帐举哀的内容，左侧画面表现的应该是葬礼结束后的帐前宴饮场景（图 1-8,1、2）。①

郭里木 2 号棺与 1 号棺情况相同，两个彩绘侧板也分别为 A 板和 B 板，两块侧板的画面叙事结构相同。A 板彩绘画面右侧高帮绘大帐 1 座，帐内对坐男女 2 人对饮，2 名侍者立于帐门外，帐外站立数人饮酒，有抱醉者不能自持，有敬酒者，有持杯对饮者，姿态各不相同，帐后上方站立数人，有相拥亲吻者，有相对而立者，画面表现的是以大帐为核心宴饮欢聚的场景；棺板画左半部主要表现有狩猎和驱赶牲畜的场面。B 板画面下半部漫漶严重，左侧高帮图像相对清晰，见大帐 1 座，帐内共 3 人，1 人着蓝色长袍背向而立，2 人侧身站立，手持酒杯；帐外有 8 位妇人席地而坐，1 名男子面向妇人站立，手中持酒杯；帐后方即棺板左上端有一对男女野合；大帐下方似还绘有 2 人，因图像漫漶不清，B 板左侧表现的仍然是围绕大帐开展的宴饮相关场景。B 板右侧低帮图案漫漶比较严重，仅上部可见猎手围猎的场面；下部画面右侧起首处可见 1 站立侍者，其前方似有绘大口酒瓮，瓮右侧绘 1 立帆，瓮左侧隐约可见一段帐顶喇叭形天窗弧线，或为 1 小帐，但因漫漶较多不能确定（图 1-8,4、3）。②

郭里木出土流散于民间的吐蕃棺板 1 块，该木棺板应是 1 块棺侧板，由 3 块木板拼接而成，分低帮和高帮两端，画面中央见小型灵帐 1 座，略与人齐高，帐顶有喇叭状突起的气孔，其内置一须弥座式高台，高台上安放 1 具黑色棺木，棺木后站立有 2 位守灵人。该棺板画面叙述结构与 1、2 号棺板画相同，亦是依次彩绘射猎、击鼓、殡丧、灵帐举哀、奔丧、商队等场景（图 1-8,5）。③

出土 1 号木棺（M1）和 2 号木棺（M2）的两座墓葬位于东距德令哈市 30 公里的八音河南岸，属于郭里木乡夏塔图草场山根。两座墓葬都是长方形竖穴土坑墓，由长方形斜坡墓道和单墓室组成，M1 为木椁墓。两墓

---

① 许新国：《郭里木吐蕃墓葬棺板画研究》，《中国藏学》2005 年第 1 期。
② 霍巍：《青海出土吐蕃木棺板画的初步观察与研究》，《西藏研究》2007 年第 2 期。
③ 霍巍：《青海出土吐蕃木棺板画人物服饰的初步研究》，载《艺术史研究》第 9 辑，第 257—276 页。

皆采用柏木封顶，封顶柏木的直径均在 10—20 厘米，其上遗留金属工具加工痕迹。共有 3 具木棺，皆四面彩绘，其中 2 具木棺的侧板保存比较完好，即 1 号木棺 A、B 彩绘侧板和 2 号木棺 A、B 彩绘侧板。M1 为男女合葬墓，M2 为迁葬墓，时代应属于唐吐蕃时期。

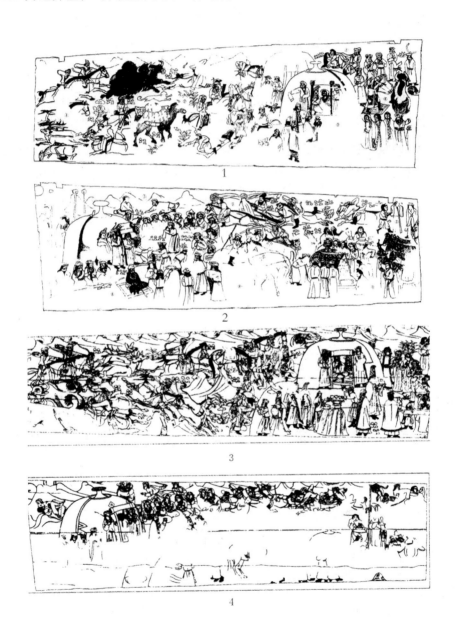

5

**图 1-8　青海吐蕃棺板画上的帐篷形象** ①

1.2.郭里木 1 号木棺彩绘侧板 A 板、B 板棺板画线描图　3.4.郭里木 2 号木棺彩绘侧板 A 板、
B 板棺板画线描图　5.郭里木流散民间吐蕃棺板画局部摄影图

### 3.壁画所见帐篷形象

共见帐篷形象 27 例，其中墓葬画像砖见穹庐毡帐 17 例，墓葬壁画绘毡帐 5 例，敦煌莫高窟壁画中见圆形毡帐 5 例。

（1）甘肃酒泉西沟村魏晋壁画墓所见帐篷形象 ②

共见帐篷形象 12 例，分别绘于 5 号墓（M5）和 7 号墓（M7）前室的画像砖上。均为圆形穹庐帐形象，绘画内容与当地少数民族日常生活相关。

M5 的画像砖中共见毡帐形象 7 例，均位于前室画像砖上。

前室东壁第一层第 2 块绘飞鸟及穹庐帐，第四层中有 2 块绘穹庐帐。

前室南壁中部是三层券顶的墓门，墓门东侧砌有四层画像砖，每层只有 1 块，第一层为树林和穹庐帐；墓门西侧顶部有 1 块画像砖，其画面亦为树林与穹庐帐；

前室西壁第一层有 2 块画像砖见穹庐形象，第 1 块绘树荫下的穹庐形毡帐内坐一披发少女，在三足鼎前架火烧煮食物（图 1-9，1），帐外一男子朝

---

① 霍巍：《青海出土吐蕃木棺板画的初步观察与研究》，《西藏研究》2007 年第 2 期；吕红亮：《"穹庐"与"拂庐"——青海郭里木吐蕃墓棺板画毡帐图像试析》，《敦煌学辑刊》2011 年第 3 期；霍巍：《青海出土吐蕃木棺板画人物服饰的初步研究》，载《艺术史研究》第 9 辑，第 269 页。

② 甘肃省文物考古研究所：《甘肃酒泉西沟村魏晋墓发掘报告》，《文物》1996 年第 7 期。

帐篷走来；另 1 块绘一少女坐在帐内向四周顾盼（图 1-9，2）。

M7 共见毡帐形象 5 例，均位于前室画像砖上。

前室南壁画像砖第二层第 2 块绘有 2 个穹庐帐，帐内各有一鼎（图 1-9，3）；第四层第 2 块绘有一披发少女缓步走向群山间 1 座穹庐帐，帐中有一鼎。

前室西壁画像砖第二层第 1 块绘有 2 个穹庐帐，帐内各有一个三足鼎（图 1-9，4）。

甘肃酒泉西沟村魏晋壁画墓群位于甘肃酒泉果园乡西沟村，共清理魏晋时期墓葬 7 座，出现穹庐形象的为 5 号墓和 7 号墓。5 号墓为砖结构多室墓，由墓道、甬道、墓门、前室、中室、后室和侧耳室组成，全长 45.22 米。前室、中室平面正方形，覆斗顶，以彩绘画像砖为装饰；后室平面长方形，券拱顶。前室四壁均饰有画像砖，共有四层，主要内容是牛、马、鸡群和居住的庐帐及远处的游牧民族，内容偏重表现墓主人生前的生活场景和生活地理环境。中室画像砖装饰内容偏重于对宴饮、炊厨、侍者、婢女、宴舞等主人生活片段的描绘。后室于后壁有画像砖四层，内容则是墓主人通常在室内珍藏的物品。7 号墓为砖结构多室墓，由墓道、甬道、墓门、前室、后室和侧耳室组成。前室平面正方形，覆斗顶，四壁画像砖绘有反映墓主人生活、宴乐、佃耕、兵吏出行等内容。后室平面长方形，券拱顶，于后壁有四层画像砖，内容为丝帛、奁盒、简册等。后室内有两副棺的痕迹，部分小件随葬品散落其周。两座墓葬的时代为魏晋时期。

（2）嘉峪关魏晋壁画墓所见帐篷形象[①]

共见帐篷形象 5 例，均位于 3 号墓（M3）画像砖上。

画像砖 M3：25 位于前室北壁东侧。图中左部为纵向排列的 2 个穹庐帐，毡帐形制较矮，呈半圆状，有一拱形帐门。帐内各有一褐衣髡发之人。图像右部为坞（图 1-9，5）。

画像砖 M3：43 位于前室北壁西侧。图中树下两侧各有 1 个穹庐帐，毡帐形制较矮，呈半圆状，有一拱形帐门。帐内各有一褐衣髡发之人。左边帐

---

① 甘肃省文物队、甘肃省博物馆、嘉峪关市文物管理所编：《嘉峪关壁画墓发掘报告》，文物出版社 1985 年版，第 68 页。

中之人为睡卧状,右边帐中之人正在用瓦器煮食,蹲踞持棍作搅拌状(图1-9,6)。

　　画像砖M3:08位于前室南壁东侧。图中央有1座大帐,称其大帐是与其周围兵士所居小帐区别。大帐呈半圆形,略近方形,正面开一拱形帐门,其内坐一将军(墓主人),幅巾黄衣,手持便面,帐外左右各立一士卒。大帐周围绕以三重小帐,小帐勾画极其简单,略呈三角形,每帐边均立有一戟一盾。图像反映了当时军营布置情况(图1-9,7)。

　　嘉峪关魏晋壁画墓位于甘肃省西边河西走廊中部,嘉峪关市附近戈壁,第二支渠至北干渠古墓群北缘。见毡帐形象的M3为砖结构多室墓,由墓道、甬道、墓门、过道、前室、中室、后室、侧耳室组成。前室四壁绘有表现墓主人庄园经济生活的壁画,中室四壁绘有表现墓主人家居宴饮等生活内容的壁画,后室后壁(即南壁)绘包括绢帛、丝束、生活用具、婢女等室内生活内容,后室有黑漆木棺一副。该墓墓主人应是魏晋时期河西地区的世家豪族,官职为将军以下的武官,墓葬时代在魏晋时期。

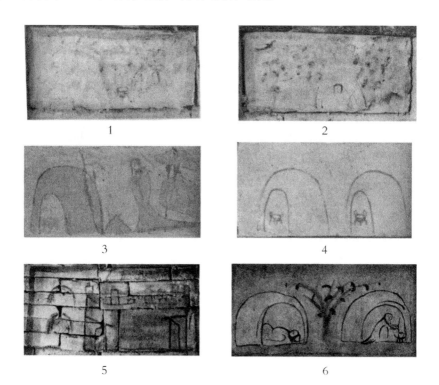

1　　　　　　　　　　　　　2

3　　　　　　　　　　　　　4

5　　　　　　　　　　　　　6

7

**图 1-9　魏晋壁画墓画像砖所见帐篷形象（壁画摹本）**①

1.2.甘肃酒泉西沟村魏晋壁画墓 M5 前室西壁第一层画像砖　3.4.甘肃酒泉西沟村魏晋
壁画墓 M7 前室西壁第二层第 2 块画像砖、前室西壁第二层第 1 块画像砖　5.6.7.嘉峪
关魏晋壁画墓前室北壁东侧画像砖（M3:25）、前室北壁西侧画像砖（M3:43）、前室南壁
东侧画像砖（M3:08）

（3）山西大同沙岭北魏壁画墓所见帐篷形象②

帐篷形象 5 例，均出自 M7 墓室南壁壁画的西面场景。帐篷均为顶部向
上突起、呈可开启状的圆形毡帐，形制较大，其中 4 个毡帐并行，位于壁画
第四行，最西边 1 例毡帐形制最大，一女子坐于帐中，其周围放置食物及樽、
壶、罐等生活用品，前面有仆人及伴奏表演的乐伎；其余 3 例毡帐形制较小，
1 个帐门上卷，一女子站立在帐门处，另外 2 个毡帐门帘遮掩。第五行主要
为杀羊场景，画面最东部有 1 例与第四行较小毡帐形制相同者，帐门上卷，
里面置有一个大型陶罐，下面有陶盆和陶罐，一人正左手提小壶、右手伸出
似在拔塞接酒或水。整幅壁画的主要部分被围隔的步障分为东西两部分，东
部以主人居住的庑殿顶房屋为中心，为人数众多、规模较大的宴饮场面；西

---

① 甘肃省文物考古研究所:《甘肃酒泉西沟村魏晋墓发掘报告》,《文物》1996 年第 7 期,
第 21、32 页, 彩色插页 2；甘肃省文物队、甘肃省博物馆、嘉峪关市文物管理所编:《嘉
峪关壁画墓发掘报告》, 图版 74、76、86。
② 大同市考古研究所:《山西大同沙岭北魏壁画墓发掘简报》,《文物》2006 年第 10 期。

部则主要为粮仓、车辆、毡帐和杀羊等劳动场面（图 1-10）。

沙岭北魏墓葬区位于山西大同市御河之东，地处 208 国道东侧，沙岭村东北 1 公里的高地上，共清理北魏时期墓葬 12 座。发现毡帐形象的壁画墓 M7 为砖结构单室墓，由墓道、甬道、墓室三部分组成，全长 15.8 米。墓室平面呈弧边长方形，四壁及甬道的顶部、侧部分布有保存较好的壁画。出土随葬器物仅 27 件，包括陶器、铁器、铜泡钉、漆耳杯、漆皮等。该墓为夫妻合葬墓，下葬时间在北魏太武帝太延元年（435）。

（4）敦煌石窟寺壁画所见帐篷形象

目前，在敦煌莫高窟盛唐第 445 窟[1]、盛唐第 148 窟[2]、中唐第 360 窟[3]、晚唐第 156 窟[4]以及榆林五代第 38 窟[5]壁画中见到 5 例毡帐形象，均为白色的圆形穹顶式帐篷，正前方开有一方形门，通过门可以看到毡帐内部围壁的菱形木格交错的骨架，地面铺有毡毯；晚唐第 156 窟、榆林五代第 38 窟所绘毡帐还可以看到顶部画有圆形天窗。这些毡帐形象均与弥勒经变之嫁娶图有关（图 1-11，图版十二，1、4、5）。

[1] 段文杰主编：《中国敦煌壁画·盛唐》，天津人民美术出版社 2010 年版，第 95 页。

[2] 段文杰主编：《中国敦煌壁画·盛唐》，第 202 页。

[3] 段文杰主编：《中国敦煌壁画全集 7（敦煌中唐）》，第 151 页。

[4] 萧默：《敦煌建筑研究》，文物出版社 1989 年版，第 204 页。

[5] 敦煌研究院编著：《中国石窟·安西榆林窟》，文物出版社 1997 年版，第 87 图。

1                                                    2

图 1-10    山西大同沙岭北魏壁画墓所见帐篷形象 [1]

1. 沙岭北魏壁画墓 M7 南壁壁画

2. 沙岭壁画墓 M7 壁画中帐篷形象线描图（笔者摹绘线图）

1                                                    2

图 1-11    敦煌石窟寺壁画嫁娶图所见帐篷形象 [2]

1. 弥勒经变之嫁娶图（莫高窟中唐第 360 窟）

2. 嫁娶图（榆林五代第 38 窟）

---

[1]  大同市考古研究所：《山西大同沙岭北魏壁画墓发掘简报》，《文物》2006 年第 10 期。

[2]  段文杰主编：《中国敦煌壁画全集 7（敦煌中唐）》，第 151 页；敦煌研究院编著：《中国石窟·安西榆林窟》，第 87 图。

## （二）间接证据——载帐架骆驼形象

公元 6 世纪北朝伊始，墓葬中开始出现并渐趋流行一种负载木排状物品及囊带、水壶、卷毡和动物等组合的骆驼形象，或作为俑类随葬品或在壁画、画像砖中出现。这种骆驼所驮载的木架并非全是用于承托物品的货架，其中有一类绘制为木排状的物品应是"穹庐"、毡帐的支撑架子。[①] 参考民族志资料中关于蒙古包式帐篷（Yurt）的搭建方式和运输形式[②]，结合考古材料中见到的毡帐形象，尤其敦煌莫高窟嫁娶图中白色毡帐内部木构帐壁结构的图像资料（图 1-11，1），笔者认为出现在驼背两侧的此类木排状物品正是框架式帐篷支撑架子的观点是没有问题的。同时，北齐时期山西太原地区出土的此类载帐架骆驼俑，驼背上还有一种圆形顶圈物品置于所有负载物品顶部，样式与位置皆与民族志资料中相关材料类似，应是与帐篷围壁木架互为连接使用的帐篷顶圈模型。[③]

考虑到此类驮载帐架与帐篷之间的关系密切且具有鲜明的时代特点，因此本书将其作为研究对象的重要论证基础进行全面搜集，资料来源主要为考古工作所获，也包括部分博物馆馆藏资源。

（1）河北曲阳北魏墓出土骆驼俑[④]

骆驼俑 1 件，陶质，双峰驼。驼首高昂，驼峰两侧载帐架，为木条叠合排状长方形，其上双峰间横搭厚垫（图 1-18，1；图版一，1）。

该墓位于河北省曲阳县党城公社嘉峪村村北 0.5 公里处，墓葬为砖构单

---

① 葛承雍：《丝路商队驮载"穹庐"、"毡帐"辨析》，《中国历史文物》2009 年第 3 期；杨泓：《从穹庐到殿堂——漫谈云冈石窟形制变迁和有关问题》，《文物》2021 年第 8 期。

② 根据民族志材料观察可知，蒙古包帐篷的墙体框架一般由一系列可以活动的木构架交叉连接构成，将围壁框架竖立而形成围壁，以构成蒙古包内部的圆形空间。其帐顶为一呈车辐状的圆形框架，圆形帐顶与围壁之间用一系列扭曲而有韧性的木条进行连接。这种框架结构便于拆卸和组装，适应游牧人群"逐水草而居"的生活方式。需要迁徙的时候，牧民能够快速将蒙古包拆卸，将围壁架子拆开折叠收起后，置于骆驼双峰两侧，圆形帐顶圈置于驼峰物品顶部。

③ 程嘉芬：《考古材料所见魏晋隋唐时期圆形毡帐形象变化及其所反映的族群互动关系初论》，载《边疆考古研究》第 16 辑，科学出版社 2014 年版，第 210—213 页。

④ 河北省博物馆、文物管理处：《河北曲阳发现北魏墓》，《考古》1972 年第 5 期。

室墓，坐北朝南。随葬出土器物共 37 件，包括金器、铜器、陶器和俑类以及石质墓志 1 合。墓主人是北魏营州刺史韩贿的妻子高氏，葬于北魏孝明帝正光五年（524）。

（2）洛阳孟津北魏侯掌墓出土骆驼俑[1]

骆驼俑 1 件（标本 M22：6），双峰驼，驼首高昂。驼背两侧有长方形排状木架，架上横搭铺垫。原有底座，已失，残高 14.2 厘米（图版一，2）。

该墓位于洛阳市孟津县邙山乡三十里铺村东北约 1.5 公里，邙山南麓，南距汉魏洛阳城约 3 公里。单室土洞墓，墓向 195°，自南向北为墓道、甬道和墓室。竖穴墓道略呈梯形，墓室平面为不规则方形，西壁外凸。墓室西部有棺灰痕迹，随葬品基本集中于墓室东部，个别散置于甬道中。棺灰痕迹南侧有石墓志 1 合。随葬器物共 60 件，除 1 枚铁棺钉和 1 合石墓志外，均为陶器。随葬品放置方法与河北曲阳北魏正光五年墓大体相同，所出陶武士、镇墓兽、骆驼、马、驴等亦皆与曲阳北魏墓所出同类器极为相似。该墓墓主人侯掌，生前担任燕州治中从事史，葬于北魏孝明帝正光五年（524），属于北魏晚期墓葬。

（3）河南偃师北魏墓出土骆驼俑[2]

骆驼俑（标本 M7：55）1 件，泥质灰陶，驼身、驼架分别模制，组合而成。骆驼昂首，前腿跪地后腿直立，作起卧状。其背部有交叉形鞍架，双峰两侧负载长方形帐架，为木条叠合状，可以观察到鞍架与帐架间绑束的绳结。帐架其上横搭囊袋，囊袋前后挂有水壶等。下有方形底板，通高 19.2 厘米、长 22 厘米（图版一，3）。

出土载帐架骆驼俑的墓葬 M7 位于河南省偃师市城关镇杏元村通往邙岭乡杨庄村的公路东侧约 300 米处，M7 是一座斜坡墓道土洞墓，由墓道、过洞、天井、封门、甬道、墓室等部分组成。墓室平面略呈方形，四壁微向外弧出，西部残存棺痕，显示为单棺。随葬器物共计出土 63 件，除墓志为石质外，其余均为陶器和瓷器。该墓墓主人是北魏镇远将军射声校尉染华，葬于北魏

① 洛阳市文物工作队：《洛阳孟津晋墓、北魏墓发掘简报》，《文物》1991 年第 8 期。
② 偃师商城博物馆：《河南偃师两座北魏墓发掘简报》，《考古》1993 年第 5 期。

孝明帝孝昌二年（526），属于北魏晚期墓葬。

（4）洛阳北魏元邵墓出土骆驼俑[①]

骆驼俑 1 件，朱绘。驼首高昂，双峰两侧各挂有木条排状帐架，其上横搭长毯，毯上置货袋，袋前后分置扁壶、兽各一。下有长方形底板，通高24.2 厘米、长 23.3 厘米（图版一，5）。

元邵墓位于洛阳老城东北 4 公里盘龙冢村南 0.25 公里邙山半坡，西距瀍河约 1.5 公里。该墓为斜坡墓道土圹洞室墓，由墓道、过洞、天井、墓门、甬道、墓室等组成。墓室近方形，四壁略向外弧。墓主人是北魏常山文恭王元邵，葬于北魏建义元年（528）七月。

（5）西安南郊北魏北周墓出土骆驼俑[②]

骆驼俑 2 件。

标本 M3：44，陶质，仅存骆驼俑一侧的帐架和鞍，帐架为木条状叠合为长方形。残长 19.5 厘米、残高 9 厘米。

标本 M5：64，陶质，骆驼俑四肢残缺，原本应为站立状，上唇和耳残。张口，昂首挺胸，双目前视，背部双峰之间前后各有一个叉形驼架，峰两侧各有一长方形帐架，帐架中部有一粗绳作绑扎固定帐架状，驼身有红彩痕迹。长 24 厘米、残高 15 厘米（图版一，4）。

墓葬位于西安市南郊长安区韦曲镇塔坡村以东的京科花园小区。出土载帐架骆驼俑的墓葬为 M3、M5，二墓均为南北向"甲"字形长斜坡墓道土洞墓，由墓道、过洞、天井、甬道、封门和墓室组成。M3 墓室平面略呈长方形，墓室内见棺痕，年代应在北周时期。M5 墓室平面略呈梯形，南窄北宽，墓室北侧有一高 0.05 米生土台，台上置棺木一具，葬式为仰身直肢单人葬。该墓随葬器物较多，从出土墓志可知墓主人为北魏晚期韦乾，葬于北魏宣武帝永熙三年（534）六月。M5、M3 为同茔并列，属于同一家族。

---

① 　洛阳博物馆：《洛阳北魏元邵墓》，《考古》1973 年第 4 期。

② 　西安市文物保护考古所：《西安南郊北魏北周墓发掘简报》，《文物》2009 年第 5 期。

（6）加拿大皇家安大略省博物馆徐展堂中国艺术馆收藏骆驼俑[①]

骆驼俑1件，彩绘陶质，张口露齿，昂首作站立状。双峰两侧载木排状帐架，其上横搭卷毡，毡毯之上为包囊，包囊两侧挂有丝束、扁壶及动物。通高31.6厘米。该骆驼俑年代应在北魏晚期（图版一，6）。

（7）西魏侯义（侯僧伽）墓出土骆驼俑[②]

骆驼俑1件（标本64），陶质，作昂首前视状，单峰两侧载厚木排状帐架，其上横搭一圈丝束，身体和所负物品均涂红。通高22厘米，长21.5厘米（图版一，7）。

侯义墓位于陕西省咸阳市渭城区窑店乡胡家沟仓张砖厂内，该墓为单室土洞墓，由墓道、甬道和墓室组成，方向170°。墓道北端有条砖砌筑的封门墙，宽1.2米，高1.8米。封门墙内是甬道，平顶，两壁均涂白灰，绘有黑、红两色壁画，多已剥落，仅于近墓室处隐约可见黑彩绘制的花草树木和人马形象。墓室平面略呈梯形，抹角穹窿顶，四壁和顶部白底绘有壁画，墓顶可见朱彩星座图像残迹。墓室地面有棺台，沿棺台西壁放置棺木。出土镇墓兽及陶俑87件、陶动物8件、陶模型6件、日用陶器12件，以及漆盒、铜锁、铜钱、墓志等共计160余件随葬品。根据墓志可知，该墓墓主人侯义是北魏武阳公侯刚之孙，燕州刺史侯渊之子，下葬时间为西魏大统十年（544）。

（8）河北磁县东魏茹茹公主墓出土骆驼俑[③]

骆驼俑2件，分别为一卧一立。

卧驼俑（标本1120），驼首微昂前视，前左腿跪地、前右腿蹬地，后腿站立，作休息状。背负木排状帐具，其上横搭卷毯，毯上搭垂囊，囊袋前后挂置酒水壶、大雁及兽腿。下有长方形托板，高25厘米、长32厘米（图1-18，2）。

立驼俑，昂首前视，四肢直立，背负木排状帐具，其上横搭卷毯，毯上搭囊袋，囊袋前后分别挂水壶等。

---

① 《皇家安大略省博物馆——徐展堂中国艺术馆》，多伦多：皇家安大略省博物馆，1996年，第54页。

② 咸阳市文管会、咸阳博物馆：《咸阳市胡家沟西魏侯义墓清理简报》，《文物》1987年第12期；陕西历史博物馆编：《陕西古代文明》，陕西人民出版社2008年版，第91页。

③ 磁县文化馆：《河北磁县东魏茹茹公主墓发掘简报》，《文物》1984年第4期。

东魏茹茹公主墓位于河北省磁县城南 2 公里大冢营村村北。该墓为甲字形砖砌单室墓，由墓道、甬道和墓室三部分组成，南北总长 34.89 米。墓道壁面抹白灰，其上绘有彩绘壁画；斜坡墓道路面的两边亦绘有花草纹图案。墓室平面略呈方形，四壁略向外凸，墓室西侧设棺床，墓室四壁绘有彩绘壁画，内容为墓主人生前起居生活场景。出土器物以陶俑为大宗，其次是陶禽畜及模型器，再次为陶瓷器，还出土两枚拜占庭帝国金币和一些金质、铜质的饰物。该墓墓主人是东魏茹茹（柔然）邻和公主，下葬于、东魏武定八年（550）。

（9）太原北齐贺拔昌墓出土骆驼俑[1]

骆驼俑 1 件（标本 T99HQH8），腿残，长 27.5 厘米、高 30 厘米。昂首站立，呈露齿嘶鸣状。峰两侧挂木排状帐具（帐构），其上横搭红色垂囊，囊下有卷毡，左右两囊前侧各有丝物、瓶、壶等物（图版二，1）。

北齐贺拔昌墓位于山西省太原市西南万柏林区义井村，太原市变压器厂 4 号宿舍楼东南角。该墓为砖结构单室墓，由墓道、甬道、墓室组成。墓室平面为弧边方形，墓室西部发现有零碎朽木和人骨，随葬器物主要出土于墓室东南部。该墓墓主人是北齐并州刺史安定王贺拔仁之子贺拔昌，下葬时间为北齐天保四年（553）。

（10）河北磁县北齐元良墓出土骆驼俑[2]

骆驼俑 1 件（标本 CMM1:77），通高 30.3 厘米。张口仰首，作站立状。双峰两侧挂有木排状帐具，其上横搭囊袋，囊袋两侧挂有大雁、丝束等物（图版二，2）。

元良墓位于河北省磁县县城西南讲武城乡孟庄村 0.75 公里处，该墓为单室土洞墓，墓室平面呈长方形。墓主人是北魏皇族后代元良，下葬时间为北齐天保四年（553）。

（11）太原广坡北齐张肃墓出土骆驼俑[3]

骆驼俑 1 件，陶质彩绘，微昂首，张口，作站立状。驼身施黄彩，负载

---

[1]　太原市文物考古研究所：《太原北齐贺拔昌墓》，《文物》2003 年第 3 期。

[2]　磁县文物保管所：《河北磁县北齐元良墓》，《考古》1997 年第 3 期。

[3]　山西省博物馆编：《太原圹坡北齐张肃墓文物图录》，中国古典艺术出版社 1958 年版，第 10—11 页。

物品施灰、绿彩,卷毡施黄彩。背部峰两侧载细木排状帐架,其上搭厚重包囊、卷毯,包囊与帐架之间夹有三个小型卷毯竖排而列,包囊顶部置一圆形帐顶。驮载整体物品用两道绳索绑扎(图版二,3)。

张肃墓位于太原市西南蒙山山麓的太原胜利器材厂,该墓为单室土洞墓,墓室平面呈方形。随葬有墓志一合、陶俑及陶质生活用器若干,陶俑多模制,表面有彩绘。该墓墓主人张肃,做过北魏龙骧将军、中散大夫等职务,于北齐天保十年(559)在邺城下葬,同年十一月迁葬至此。

(12)河北磁县湾漳北朝壁画墓出土骆驼俑 ①

骆驼俑共 5 件,多置于墓室北壁前,均为载物驼俑,且双峰两侧均载有木排状帐具。

立驼 4 件,标本 974,头、颈部无毛,驼峰围一彩色宽带,双峰两侧挂有木条排状帐具,峰间架鞍,其上横搭垂囊,前后挂有丝束、野兔等,施彩同于跪驼,下有长方形托板,通高 31.2 厘米(图版二,4、5)。

卧驼 1 件(标本 1018),微昂首,左前腿跪地,右前腿蹬地,后腿直立。满身施白彩,驼峰周围施红彩宽带并用黑彩线勾边。背负帐具、被褥、垂囊、挂包和扁壶。帐具施红彩,囊饰白彩并用黑线勾画,挂包施紫红彩并用黑彩勾画背包带,扁壶施黑彩。下有长方形托板,通高 28.3 厘米(图版二,6)。

磁县湾漳北朝壁画墓位于河北省磁县东槐树乡湾漳村东滏阳河南岸,墓葬为平面呈"甲"字形的长斜坡墓道砖结构单室墓,由墓道、甬道、墓室三部分组成,全长 52 米。墓室平面近方形,四边略有弧度,墓室西侧有须弥座石棺床,棺床上有一棺一椁遗迹,墓室四壁绘有壁画,已残损不辨。出土随葬品比较丰富,有陶俑、陶镇墓兽、陶禽畜、陶质模型,陶、瓷、石生活用器、陶乐器模型、装饰品、铁器、铜器、木器和瓦等 2215 件。该墓墓上有陵园建筑遗迹。墓葬年代推定在公元 560 年前后,推测该墓可能为北齐开国皇帝高洋的武宁陵。

① 中国社会科学院考古研究所、河北省文物研究所编著:《磁县湾漳北朝壁画墓》,科学出版社 2003 年版,第 122—123、125 页,彩版 29—30。

（13）太原北齐张海翼墓出土骆驼俑[1]

骆驼俑 1 件（标本 51），残，长 31 厘米、高 28 厘米，施白、红彩。跪式欲起，昂首曲颈，张嘴露齿作嘶鸣状。颈后披鬃，背载囊袋，其下可见露于两端的木条排状帐具，囊袋用两条绳索平行绑扎（图版三，1）。

张海翼墓位于山西省太原市晋源区罗城街道办事处寺底村，该墓为单室土洞墓，墓室底部有木炭、石灰和木棺痕迹，左侧有生土二层台，仪仗俑等配列土台之上，陶牛、陶壶等放置于洞室后部，墓志、镇墓武士俑等放置于墓室洞口。该墓墓主人为北齐长安侯张海翼，下葬时间为北齐天统元年（565）。

（14）太原北齐韩念祖墓出土骆驼俑[2]

骆驼俑 1 件（标本 319），驼背上横搭一背囊，其下可见略露出端缘的木排状帐架，背囊之上置一圆形帐篷顶圈，背囊与驼首之间有一骑驼俑，身体涂朱红色（图版三，2）。

该墓位于太原西郊大井峪村，墓葬由墓道、石门、前室和后室组成，后室内壁有彩绘壁画。墓葬出土遗物 351 件，大部分为陶俑、动物俑、日用陶器，少量釉陶器、铜器、琉璃器和金银器，出土墓主人夫妇石质墓志 2 合。墓葬年代为北齐天统四年（568）。

（15）太原北齐东安王娄睿墓中骆驼形象[3]

载物骆驼形象见于随葬陶俑及墓道壁画中。

骆驼俑 4 件，有立驼和卧驼两种，均载有帐篷杆架，包括长方形排状杆架和圆形顶圈。

立驼 2 件（标本 622、标本 623）。标本 622，高 41.2 厘米。小耳，短尾，通体驼色，头高昂，作嘶鸣状。黑色颈毛，颈挂有连珠纹黑色驼铃带。背负灰色垂囊，囊下为卷毯，其下于双峰两侧挂排状帐架及白色丝绸，囊顶上平

---

① 李爱国：《太原北齐张海翼墓》，《文物》2003 年第 10 期。

② 太原市文物考古研究所编著：《太原北齐韩念祖墓》，科学出版社 2020 年版，第 27—28 页，图二四，版图二六。

③ 山西省考古研究所、太原市文物考古研究所编著：《北齐东安王娄睿墓》，文物出版社 2006 年版，第 121、124、126、23—25、29—31 页，彩版一六、一七、二二、二三、一二八、一二九。

放一帐篷顶圈，前部两侧各挂两个枣核形物品，似为水袋之物（图版三，3、4、5、6）。

卧驼2件（标本624、标本625）。标本625，高24.7厘米。小耳，短尾。跪卧状，全身驼色。黑色颈毛，昂首，作休息状。背负帐架及丝绸，其上为卷毯和红边黑色的垂囊（图版四，1、2、3、4）。

另有骆驼商队图2幅。

墓道西壁第一层壁画。骆驼商队图，四人五驼，满载货物，用丝带捆系丝绸及货物。可辨识负载物品者共三匹骆驼。第一匹骆驼头部已残，背上绑载红色软包，峰间架有鞍架，其上放置帐架（帐篷支撑架子，木条状）；其后骆驼负载大型白色绣花软包，其上横搭虎头囊袋，其后挂有一扁壶；画面最右边一只骆驼背载红色软包，软包上横搭虎皮纹囊袋，驼峰上有鞍架，其上放置帐架（帐篷支撑架子，木排状），旁挂有一铁釜（图版十一，1、3）。

墓道东壁第一层壁画。驼运图，五人五驼。为首的是一位西域年长胡人，第二位高鼻深目，连鬓大胡，往后三位只能看到置于骆驼群中，不见头和身体。五头骆驼相随列队行进，从图上可看到前面三头负载货物，驮载物品不尽相同。一匹驮载绣花软囊，两旁鞍架上放置有木条状帐架，包囊用绳带绑扎。另一匹驼峰置有鞍架，其上放置长方形箱包装物品，驼峰间横搭有虎头皮囊和圆腹高圈足水壶。图像后方骆驼只能看到亦载有包囊等物品，具体不甚清晰（图版十一，2、4）。

东安王娄睿墓位于太原市南郊王郭村西南1公里，该墓为甲字形砖砌单室墓，由封土、墓道、甬道、天井和墓室五部分组成。墓室平面呈弧方形，四壁略外弧，墓室西半部有砖砌棺床，上置内外套棺，棺床前西南角出有墓志一方。墓道、甬道和墓室等壁面上全部绘有壁画。该墓墓主人是北齐并州刺史东安王娄睿，下葬时间为北齐武平元年（570）。

（16）河北磁县北齐高润墓出土骆驼俑①

骆驼俑1件，高36.4厘米。昂首前视，作站立状。双峰两侧挂有木排状帐具，其上横搭皮囊和粮袋，囊袋前后挂有扁壶、丝束等物（图版四，5）。

---

① 磁县文化馆：《河北磁县北齐高润墓》，《考古》1979年第3期。

高润墓位于河北省磁县县城西约 4 公里东槐树村西北隅，该墓为砖结构单室墓，由墓道、甬道和墓室组成，南北总长约 63.16 米。墓室平面略呈方形，四壁微外弧状，地铺绳纹青砖，四壁壁面有彩绘壁画，内容为墓主人像、华盖、车篷等，仅北壁保存较好，其余漫漶严重。出土有较为丰富的陶瓷器随葬品。墓主人是北齐神武皇帝高欢第十四子高润，下葬时间在北齐武平七年（576）。

（17）西安洪庆北朝、隋家族迁葬墓地出土骆驼俑 ①

骆驼俑 1 件（标本 M8: 42），全身先施白彩再施红彩，高 31 厘米、长 27.5 厘米。昂首站立状，双峰两侧挂有木排状帐具，其上横搭褡裢（图版四，6）。

墓地位于陕西省西安市灞桥区洪庆街道办事处教委住宅小区，出土载帐架骆驼俑的墓葬是 M8。该墓葬为甲字形土洞单室墓，由斜坡墓道、天井、过洞、甬道和土洞单墓室组成，全长 23.7 米。墓室平面呈不规则方形，穹窿顶，墓室北部有一生土棺床，东西壁各有一龛。M8 为隋代中期形成的一迁葬墓，被迁者来自两个时代的文化区，即东魏北齐时期的关东地区和隋代早期偏早的关中地区，墓葬时代在隋开皇后期至大业初年。

（18）陕西长安隋宋忻夫妇合葬墓出土骆驼俑 ②

骆驼俑 1 件，驼身施白彩，头部施红彩，高 32.5 厘米、长 30 厘米。头微昂，口微张，站立状。双峰两侧载木排状帐具，其上横搭皮囊，囊下为卷毯（图版五，1）。

墓葬位于陕西省长安县韦曲镇东街华光公司长安分公司，该墓葬为中字形多室墓，由墓道、甬道、前室、东、西耳室和后室构成。后室平面呈长方形，头向南并排置有一男一女两具骨架。该墓墓主人为宋忻及其妻韦氏，下葬年代在隋开皇七年（587）。

（19）西安隋罗达墓出土骆驼俑 ③

骆驼俑 1 件，通高 39 厘米。昂首作嘶鸣状，双峰两侧挂有木排状帐具，其上横搭囊袋（图版五，2）。

罗达墓位于西安东郊郭家滩，该墓为土洞墓，由墓道、甬道和墓室组成。

① 陕西省考古研究所：《西安洪庆北朝、隋家族迁葬墓地》，《文物》2005 年第 10 期。
② 陕西省考古研究所隋唐研究室：《陕西长安隋宋忻夫妇合葬墓清理简报》，《考古与文物》1994 年第 1 期。
③ 李域铮、关双喜：《隋罗达墓清理简报》，《考古与文物》1984 年第 5 期。

墓室平面呈斜方形,四壁及地面有0.1厘米厚白灰,四壁白灰皮上有朱色彩绘,已漫漶不清。该墓墓主人为罗达,下葬于隋开皇十六年(596)。

(20)隋吕思礼夫妇合葬墓出土骆驼俑[①]

骆驼俑1件(标本CESM2:17),泥质红陶,高37.2厘米。昂首曲颈,嘴紧闭,站立状。双峰两侧挂木排状帐具,其上横搭囊袋(图版五,3)。

吕思礼夫妇墓位于西安市长安区郭杜镇长安产业园二十所,该墓为斜坡墓道带天井的单室土洞墓,由墓道、过洞、天井、封门、甬道和墓室组成,全长19.8厘米。墓室平面呈长方形,南宽北窄,出土随葬器物67件,多为陶器,另有石墓志一合。墓主人吕思礼于西魏大统四年(538)以诽谤朝政被赐死,隋大业十二年(616)迁葬于此。

(21)河南三门峡三里桥村11号唐墓出土骆驼俑[②]

骆驼俑2件,形制相同,皆载帐架。标本M11:69,通体施黄彩,高46厘米。昂首嘶鸣,呈站立状。双峰两侧各载有木排状帐架,帐架弯曲弧度较大,其上横载驮囊(图版五,4)。

该墓位于河南省三门峡市区西南部三里桥村湖滨区法院家属区,为土洞单室墓,由墓道、甬道、墓室组成。墓室平面呈不规则四边形,四壁规整,墓室内东北部置一棺,其内有人骨两具。该墓随葬器物丰富,有侍俑、仪仗俑、武士俑、乐舞俑及各类动物俑等。墓葬时代在唐代早期。

(22)辽宁朝阳唐蔡须达墓出土骆驼俑[③]

骆驼俑2件,出自M1蔡须达墓。形制相同。昂首引颈,露齿作嘶鸣状。背部垫椭圆形毡垫,双峰两侧挂有木排状帐架,其上于峰间横搭囊,囊袋上分别于峰两侧挂有丝束,并于丝束前后挂有雉、兔、圈足鼓腹壶等物,囊袋上方蹲坐一小猴(图版五,5)。

墓葬位于辽宁省朝阳市朝阳工程机械厂北部,出土载帐架骆驼俑的为91CGJM1(蔡须达墓),该墓为砖结构单室墓,由墓道、墓门、甬道、墓室组成。

---

① 陕西省考古研究所:《隋吕思礼夫妇合葬墓清理简报》,《考古与文物》2004年第6期。
② 三门峡市文物考古研究所:《三门峡三里桥村11号唐墓》,《中原文物》2003年第3期。
③ 辽宁省文物考古研究所、朝阳市博物馆:《辽宁朝阳北朝及唐代墓葬》,《文物》1998年第3期。

墓室平面呈弧边方形，墓室后半部有砖砌棺床。随葬器物以彩绘釉陶俑为主，主要摆放在甬道和墓室前部西侧，在墓室东南角发现墓志一合，此外还随葬瓷器、陶器、铜饰以及漆器等。该墓墓主人为蔡须达，墓葬时间在唐武德二年（619）。

（23）山西长治县宋家庄唐代范澄夫妇墓出土骆驼俑[1]

骆驼俑1件，高48厘米、长38厘米。长鬃曲颈作昂首嘶鸣状。背部垫椭圆形毡垫，其上双峰两侧载长方形帐架，其上横搭折叠状毡毯（图版六，1）。

御驼俑1件，高27厘米，与骆驼俑配套出现。戴幞头，身着圆领窄袖袍，腰束带，脚登靴。深目高鼻，短须，双手拱置于胸前，手中有孔。

墓葬位于山西省长治县宋家庄砖厂，该墓为砖结构单室墓，由墓道、墓门、墓室组成。墓室平面呈长方形，穹窿顶，四角圆弧，四壁微外弧。南北长2.3米、东西宽2.12米、高2.4米。共出土随葬器物45件，包括陶器、铁器、铜钱、墓志等。陶制品均为泥质灰陶，彩绘多已脱落。该墓为唐代范澄夫妇合葬墓，合葬于唐显庆五年（660）。

（24）陕西礼泉县唐代郑仁泰墓出土骆驼俑[2]

载物骆驼俑4件，陶质，分两种。

第一种载物骆驼俑[3]，2件，驼背上铺有椭圆形花毯，双峰两侧搭有排状木架，架上横驮一条装满物品的长圆形花纹囊袋，袋两旁各横置丝、绸两卷，绸中间为白色，两头系红色，丝为两股作绳状绞拧，蓝色。在丝绸下一侧吊扁壶、马勺、野鸡和兔等物品；另一侧有刀鞘和箭囊等物。另一只载物驼俑背部有一只猴子（头部残）蹲于囊袋之上（图版六，2）。

第二种载物驼俑[4]，2件，双峰两侧搭有排状木架，其上只横驮一件装满物品的长圆形花纹囊袋（图版六，3）。

郑仁泰墓位于陕西省礼泉县烟霞公社马寨村西南约半华里处，系唐太宗昭陵陪葬墓。该墓在地面有高约11米、直径19米的封土堆，封土南部地面上有石虎、石羊各三个。墓葬由斜坡墓道、天井、过洞、甬道和墓室组成，

[1] 长治市博物馆：《长治县宋家庄唐代范澄夫妇墓》，《文物》1989年第6期。
[2] 陕西省博物馆、礼泉县文教局唐墓发掘组：《唐郑仁泰墓发掘简报》，《文物》1972年第7期。
[3] 陕西历史博物馆编：《陕西古代文明》，陕西人民出版社2008年版，第128页。
[4] 陕西省咸阳市文物局编：《咸阳文物精华》，文物出版社2002年版，第111页。

砖结构单室,墓向为南偏东 18°,全墓南北长 53 米,共有小龛 5 对。墓道口两侧壁画保存较好,内容为车、马、骆驼、侍女、文武男侍。墓葬随葬大量陶俑、彩绘陶俑、石刻(含墓志一合)及陶瓷器等。该墓墓主人郑仁泰,唐初在李渊起事之初已效力于李世民秦王府内,在武德九年玄武门之变中是参与机密的重要人物之一,曾任凉州刺史,葬于唐麟德元年(664)。

(25)陕西长武郭村唐墓出土骆驼俑[①]

骆驼俑 1 件,彩绘,长 61 厘米、高 51 厘米。站立,昂首曲颈露齿作嘶鸣状。背部垫椭圆形花边毡垫,双峰两侧载木排状帐架,略有弧度。其上横搭虎头囊袋,两侧囊袋前后挂有勺、罐、扁壶及肉块等物(图版六,4)。

该墓位于陕西省长武县枣园乡郭村西南 200 米处,墓葬为砖结构方形穹窿顶单室墓,由墓道、甬道和墓室三部分组成。墓室平面近方形,穹窿顶,墓室西部有砖砌棺床,东部砌一至三层砖台用以放置陶俑。该墓出土随葬器物共计 139 件,有陶俑及动物模型、陶器皿及石灰石墓志 1 合,俑类多施彩绘,有些还涂金装饰。该墓墓主人为张臣合,其一生事唐高祖、太宗、高宗三朝,墓葬时间在唐总章元年(668)。

(26)西安西郊唐孙建墓出土骆驼俑[②]

三彩骆驼俑 1 件,高 61 厘米、长 48 厘米。昂首露齿作嘶鸣状。背部垫有椭圆形毡垫,其上双峰两侧载长方形木排状帐架,其上横搭有胡人面驮囊,囊袋前挂有丝束(图版六,5)。

该墓位于西安西郊新北火车站东侧,为单室土洞墓,墓室平面呈长方形,墓室西侧有一砖砌棺床。随葬器物均在棺床东侧,主要为陶质器物,包括三彩器、黄釉陶器和彩绘陶器三类,共计 26 件,另有少量开元通宝等。该墓墓主人为孙建,墓葬时间在唐咸亨元年(670)。

(27)山西长治唐代王惠墓出土骆驼俑[③]

骆驼俑 1 件(标本 M1:25),高 62.2 厘米、长 60 厘米。站立,昂首曲颈。

① 长武县博物馆:《陕西长武郭村唐墓》,《文物》2004 年第 2 期。
② 陈安利、马咏忠:《西安西郊唐墓》,《文物》1990 年第 7 期。
③ 长治市博物馆:《山西长治唐代王惠墓》,《文物》2003 年第 8 期。

背上架鞍，鞍上双峰两侧挂有长方形帐架，其上横载驮囊，囊袋之上搭卷毡，毡毯前挂有一只猎物，囊袋及卷毡用十字绳索绑扎（图版六，6）。

该墓位于山西省长治市东郊长淮机械二厂住宅楼区，墓葬为砖结构单室墓，由墓道、墓门和墓室组成。墓室平面近方形，四壁略外弧，穹窿顶，墓室北部正中放置一长方形木质葬具。随葬有陶骆驼、骑马俑、镇墓兽及小件陶俑和陶、瓷器等，并出土有墓志一合。该墓墓主人为王惠，墓葬时间在唐高宗上元三年（676）。

（28）山西长治北石槽唐墓出土骆驼俑[1]

骆驼俑2件，均出于M4，彩绘陶俑，均载有排状帐具。

标本1为立驼，通高70厘米，赭黄色，草绿色鞍垫，双峰两侧载长方形帐具，其上横载方形囊袋。驼背上有一年老胡妇（图版七，1）。

标本2为卧驼，高49厘米，灰色，褐色驼鞍。双峰两侧挂窄木排状帐具，其上横搭方形囊袋，囊袋上叠垒有卷毯、行囊等物。

该墓位于山西长治县城东2.5公里壶山西侧，墓葬为砖结构单室墓，墓室平面呈长方形，墓室北部壁下砌有东西向砖棺床，残存朽木痕迹和棺钉数枚。墓内人骨5具，均系二次葬。随葬器物绝大多数放置在棺床中间及北壁下，有成组仪仗俑、男女侍俑、镇墓兽等，还出土有石墓志一合。该墓墓主人为乐姓，字道仁，唐骁骑尉，卒于文明元年（684）。

（29）西安东郊独孤思贞墓出土骆驼俑[2]

三彩骆驼俑共4件，其中一件背部无负载物品，另三件背部载有长方形帐架，形制基本相同。标本23，通身为白绿二色釉，驼背无任何装饰。标本25、27、29，昂首引颈，张口露齿作嘶鸣状。背上均垫有椭圆形毡垫，其上于双峰两侧置有长方形帐架，帐架上横搭兽面囊袋。标本25、27均为酱紫色釉，头部及身上间有白色花斑；标本29除头部有绿色釉外，余均为黄色釉。四件驼俑高62.5—68厘米（图版七，2）。

① 山西省文物管理委员会晋东南文物工作组：《山西长治北石槽唐墓》，《考古》1965年第9期。
② 中国社会科学院考古研究所编著：《唐长安城郊隋唐墓》，文物出版社1980年版，第29—43页，图版五四。

三彩牵驼俑4件，与骆驼俑配套出现。4俑形态服饰等相同，均为头戴幞头，身着翻领窄袖的短衣，下着裤，其外着有套裤，腰束带。均作举手牵驼姿势。高皆为52厘米。

独孤思贞墓位于陕西省西安市东郊洪庆村南地，该墓为长斜坡墓道洞室墓，由墓道、天井、过洞、东西壁龛、甬道和墓室组成。墓道全长23.6米。墓室平面近方形，北壁略向外弧。出土随葬器物比较丰富，包括俑类、用具明器类和装饰品等，其中陶俑占绝大多数，且大都是制作精美的三彩俑。该墓墓主人为独孤思贞，墓葬时间在唐万岁通天二年（697）。

（30）河南偃师县唐墓出土骆驼俑[①]

骆驼俑2件，一立一卧。

立驼俑（标本M5：36），三彩陶俑，通体施橙、绿、白三彩，通高53.5厘米。站立，昂首露齿作嘶鸣状，背部垫椭圆形毡垫，双峰两侧载木排状帐架，其上横搭虎头囊袋，囊袋前后挂有肉块等物（图版七，3）。

卧驼俑（标本M2：7）[②]，长32.1厘米、高22.7厘米。四腿跪卧，昂首平视。背部垫椭圆形毡垫，双峰两侧载木排状帐架，其上横搭囊袋（图版七，4）。

出土载帐架骆驼俑的两座唐墓位于河南省偃师市城关镇北窑村，北窑村二号墓（M2）位于北窑村西北约400米处，该墓为土洞墓，由墓道、甬道和墓室组成。墓室平面呈长方形。随葬器物26件，排列有序，有镇墓兽、武士俑、文官俑、侍俑、动物俑等。从墓志铭文可知墓主人为杨堂，下葬时间在唐高宗咸亨三年（672）。

北窑村五号墓（M5）位于北窑村北500米处，该墓为土洞墓，由墓道、甬道、墓室三部分组成。墓室平面呈长方形。随葬器物56件，多为三彩俑，主要分布在墓室南部和东北部。该墓年代推测可能在武则天秉政前段。

（31）河南巩义孝西村唐墓出土骆驼俑[③]

骆驼俑2件，形制大体相同。标本M1:80，骆驼体态强健，头顶涂红色，

---

① 偃师商城博物馆：《河南偃师县四座唐墓发掘简报》，《考古》1992年第11期。

② 周剑曙、郭宏涛主编：《偃师文物精粹》，北京图书馆出版社2007年版，第127页。

③ 郑州市文物考古研究所、巩义市文物保护管理所：《河南省巩义市孝西村唐墓发掘简报》，《文物》1998年第11期。

高 50.4 厘米。站立，作昂首露齿状，双峰两侧挂有长方形木排状帐架，其上横搭囊袋，以十字形绳索绑缚，囊袋后方挂有一动物（图版七，5）。

该墓位于河南省巩义市食品公司院内，墓葬为土洞墓，由墓道、过洞、天井、甬道、墓室和耳室等部分组成。墓室为单室土洞结构，平面略呈刀形，南北两壁平直，东西两壁呈弧形，东壁南段外伸出形成耳室。出土随葬品共 99 件，包括彩绘陶俑、三彩器、陶模型明器、瓷器等。该墓墓主人应为县城一级官吏，墓葬时代推断为唐咸亨三年（672）至神龙二年（706）间。

（32）河南偃师隋唐墓出土骆驼俑 [1]

三彩驼俑 2 件，形制大体相同，均载有帐架。

标本 39，釉色以棕褐色为主，通高 57.5 厘米。站立，作昂首露齿嘶鸣状，背上垫椭圆形毡毯，双峰两侧各挂有窄木排状帐具，其上横搭虎头囊袋，其前、后各挂有丝束、高圈足鼓腹壶。

标本 38，形制与标本 39 基本相同，唯囊袋两侧增加有锅、壶等饰物。驼身施黄彩，帐架及丝束为绿彩，扁壶施白彩（图版七，6）。

该墓位于河南偃师县城东北侧的瑶头村砖厂，墓葬损毁严重，残存半个墓室。随葬器物均为三彩器，有镇墓兽、天王俑、侍俑、动物俑及海兽葡萄镜等。墓葬年代在盛唐时期。

（33）河南孟县堤北头唐代程最墓出土骆驼俑 [2]

骆驼俑 2 件，一件残缺难以复原。

标本 14，高 83.5 厘米。曲颈昂首嘶鸣状，背上垫椭圆形毡垫，双峰两侧各挂有木排状帐架，其上横搭兽面驮囊，囊袋前后挂有丝束和绢素。帐架前后挂有粮袋和执壶，左侧帐架前方挂有肉块。驼身施黄彩，帐架和囊袋上的兽首施黑彩，毡垫、粮袋和执壶施白彩，肉块施红彩（图版八，1）。

牵驼男俑 2 件，一件残缺难以复原。标本 10，高 63.5 厘米。胡人形象，深目高鼻，眉脊粗壮，身着胡装，头戴尖顶软帽，帽尖向前弯，帽檐上翻，

---

[1] 偃师县文物管理委员会：《河南偃师县隋唐墓发掘简报》，《考古》1986 年第 11 期。

[2] 焦作市文物工作队、孟县博物馆：《河南孟县堤北头唐代程最墓发掘简报》，《中原文物》1995 年第 4 期。

身着窄袖翻领掩襟长衣至膝，腰系皮囊，双手握拳。足穿长筒尖靴，作行走状。面部、手及皮囊作红色，帽白色，外衣黄色，衣领绿色，靴黑色。

该墓位于河南孟县县城西 3.5 公里堤北头村西北角 100 米处的缓坡，为砖结构单室墓，由墓道、甬道、墓室组成。墓室平面略呈长方形，墓室顶部为叠涩覆斗状，墓室西部有一生土台棺床，从残存腿骨判断，墓葬中安葬的应为一男一女。随葬器物多放在墓室东部。随葬器物有陶器、瓷器、铁器和铜钱。陶器质地红色，皆绘彩粉，多数模制。该墓墓主人程最，为唐代无官职的处士，墓葬年代在唐开元五年（717）。

（34）辽宁朝阳市黄河路唐墓出土骆驼俑 [1]

骆驼俑 2 件。标本 M1：18，长 52 厘米、宽 23 厘米、高 29 厘米。昂首引颈，前后肢曲卧，跪伏于地。双峰两侧挂有窄木排状帐架，其上放置驮袋，袋上中后部置生丝、布匹等物，袋前左悬壶、瓶，右挂食囊、野兔。驮袋及其他载物均用绳索捆扎（图版八，2）。

该墓位于辽宁省朝阳市区北部黄河北路北侧东凤朝阳采油机公司住宅小区，为砖结构圆形单室墓，由墓道、甬道、墓室和渗水槽组成。墓室平面呈圆形，东、西、北面各设一灯龛。出土随葬器物共 78 件，有陶俑、石俑、铜镜、象牙笏板及泥俑等。该墓墓主人据推测应为唐五品以上官员，墓葬时间在公元 8 世纪前叶。

（35）沧州泊头市富镇崔村唐墓出土骆驼俑 [2]

骆驼俑 1 件，引颈，四肢蜷于身下，卧坐休息状。双峰两侧载木排状帐架，其上横搭毡毯、包囊，包囊两侧挂有丝束、布匹等。长 32 厘米、高 20 厘米（图版八，3、4）。

牵驼俑 1 件，与骆驼俑配套，胡人俑深目高鼻，满腮胡须，双手牵缰绳状，高 39 厘米。

该墓位于河北省沧州泊头市富镇崔村东北。斜坡墓道砖室墓，墓室西部

---

[1] 辽宁省文物考古研究所、朝阳市博物馆：《辽宁朝阳市黄河路唐墓的清理》，《考古》2001 年第 8 期。

[2] 沧州市文物局编：《沧州文物古迹》，科学出版社 2007 年版，第 100—102 页。

有棺床，上有人骨两具，东部置随葬品，随葬品共 63 件，包括武士俑、文俑、舞乐俑及动物俑、陶瓷器皿等。墓葬年代为唐代。

（36）洛阳龙门唐安菩夫妇墓出土骆驼俑[①]

骆驼俑 1 件，仰首，挺颈，作嘶鸣状。背有双峰，峰周围置锦毯，峰两侧挂窄木排状帐架（形制很小），其上搭兽首驮囊，囊袋前后挂有丝绸、圈足弧腹高颈单把瓶、扁壶等。四肢作行走状。通体绘红、黄、绿、白釉。高 88 厘米（图 1-18，3；图版九，1、2、3）。

唐安菩夫妇墓位于今洛阳市南郊 13 公里处的龙门东山北麓，该墓为砖结构单室墓，由墓道、墓门、甬道和墓室组成，墓室东西两边各有一高 0.35 米的棺床，随葬各类陶俑 129 件，包括文官俑、武官俑、镇墓兽、牵马俑、牵驼俑以及各类动物俑等，另有金币 1 枚、铜钱 2 枚、铜镜 1 面、玛瑙珠 1 件，以及墓志 1 合。该墓葬为唐定远将军安菩与其妻子何氏的合葬墓，墓葬年代为唐中宗景龙三年（709）。

（37）洛阳出土唐绿釉载物骆驼俑[②]

绿釉骆驼俑 1 件，昂首嘶鸣，静立于地，高 50 厘米、长 50 厘米。双峰两侧挂窄木排状帐架，其上峰间横驮一囊袋，驮囊两侧各附挂一束丝绢和水壶。驼身饰绿釉，颈部、腿部饰褐釉鬃毛。该驼俑体态健硕，造型写实细致，据其所载物品型式，推断其应属于盛唐前期作品（图版八，5）。

（38）洛阳关林唐墓出土骆驼俑[③]

白釉骆驼俑 1 件，昂首嘶鸣，负重前行状，高 81 厘米、长 68 厘米。驼背上垫有椭圆形垫，双峰两侧挂有窄木排状帐架，其上峰间横驮人面囊袋，囊袋前后挂有丝绢、食物等物品。驼身施白釉，颈部、腿部饰有褐釉鬃毛。该载物骆驼俑出土于 1973 年洛阳关林唐墓。骆驼整体形态硕大，细节精致，应属盛唐时期作品（图版八，6）。

---

① 程永建、周立主编，洛阳市文物考古研究院编著：《洛阳龙门唐安菩夫妇墓》，科学出版社 2017 年版，第 48—51 页；郑州市文物考古研究所编著：《河南唐三彩与唐青花》，科学出版社 2006 年版，第 312 页。

② 王绣主编：《洛阳文物精粹》，河南美术出版社 2001 年版，第 171 页。

③ 王绣主编：《洛阳文物精粹》，第 170 页。

（39）美国洛杉矶艺术博物馆收藏骆驼俑 [1]

三彩骆驼俑 1 件，仰首张口嘶鸣，作行走状。背上垫椭圆形毡垫，双峰两侧挂有窄木排状帐架，其上峰间驮载虎头形包囊，囊袋前后挂丝束、扁壶、肉块等物。驼身棕黄色，囊袋、丝束绿彩，肉块、扁壶等棕黄彩。骆驼整体形态硕大、矫健，搭载物品制作精细，应属盛唐时期作品（图版九，4）。

（40）敦煌佛爷庙湾唐代模印砖中骆驼形象 [2]

胡商牵驼砖 9 块，模印砖，均出自 M123 甬道及墓室室壁。胡商、骆驼右行，双峰两侧载有排状帐架，其上为长方形驮囊，上趴一猴。

标本 M123：西壁上 2，砖长 35.5 厘米、宽 23.2 厘米、厚 5 厘米。骆驼张口露齿嘶鸣，作行走状，颈套一项圈。双峰两侧挂排状帐架，其上峰间横搭作十字捆扎长方形驮囊，上置一菱格状物，其后趴一回首扬尾的小猴。驼前方为一胡商形象，行走状，左手牵驼缰，右手握杖扛于肩上。胡商头戴尖顶高帽，高鼻隆额，八字形胡子，尖下颜，身穿及膝长袍（图版九，5）。

该墓位于甘肃省敦煌机场附近，属于敦煌市东郊省级文物保护单位佛爷庙湾—新店台汉唐墓群。出土胡商牵驼砖的 M123 系报告公布的 6 座模印砖唐墓之一，为砖结构单室墓，由墓道、照墙、甬道和墓室组成。墓室平面呈方形，四壁略向外弧，墓室后壁处垒砌有棺床。甬道东西两壁及墓室四壁依次顺序嵌有模印砖，有胡商牵驼、骑士巡行等内容。M123 年代应在公元 7 世纪末、8 世纪前期的盛唐时期。

（41）西安西郊中堡村唐墓出土骆驼俑 [3]

骆驼俑 4 件，其中载帐架驼俑 1 件，骆驼载乐俑 1 件，背部无鞍站立骆驼俑 2 件。载帐架骆驼俑，通高 47.5 厘米，昂首站立状，驼身为赭黄色，驼背部垫一椭圆形毯子，驼峰两侧为窄条形木排帐架，木排弧度较大，其上横搭虎头囊，边侧挂有野雉、兔子等物（图 1-18，4；图版十，1）。

该墓位于西安西郊中堡村，墓葬为土洞墓，正南北方向，墓室长 3.5 米，

---

① 陈文平：《流失海外的国宝（图录卷）》，上海文化出版社 2001 年版，第 131 页。

② 甘肃省博物馆：《敦煌佛爷庙湾唐代模印砖墓》，《文物》2002 年第 1 期。

③ 陕西省文物管理委员会：《西安西郊中堡村唐墓清理简报》，《考古》1960 年第 3 期。

宽 2.2 米，中宽 2.26 米，平面呈长方形。墓门处对称放置镇墓兽和天王俑，墓室南部放置一对马俑和骆驼俑，牵马俑和牵驼俑站立其前，墓室中部随葬有侍女俑和各类动物俑，墓室东北部放置陶建筑模型及三彩罐，墓主人头部放置一枚开元通宝。该墓葬年代属于盛唐时期。

（42）香港文化博物馆收藏唐代骆驼俑[①]

骆驼俑 1 件，陶质，驼首高昂，张嘴露齿作嘶鸣状，站立。背部垫椭圆形毡毯，其上双峰两侧载窄细长排状帐架，帐架弧度较大。峰间横搭虎头形包囊，前后挂有丝束及水壶。应属盛唐时期作品（图版十，2）。

# 二、帐篷形象的类型

梳理考古材料所见中古时期的帐篷形象，根据平面形制可以将其分为两大类：圆形帐篷和方形帐篷。

## （一）圆形帐篷

圆形帐篷，平面呈圆形，框架式结构，由下部交叉围壁和半圆形穹窿顶盖结合，构成内部圆形空间。文献中关于穹庐毡帐的描述如"有顶中央，无隅四向圆"[②]，"……其施张既成，大抵如今尖顶圆亭子，而用青毡通冒四隅上下，便于移置耳……"[③] 对应的正是此类型帐篷形制。本书梳理考古材料所见的帐篷形象多属于这一类，共计 42 例。根据帐篷顶盖形制的差异，可将其分为 A、B 两型。

### 1.A 型圆帐篷

此型圆帐篷顶盖呈半圆形隆起状，有的在顶部正中有一圆形天窗可以开启。

---

① 葛承雍：《丝路商队驼载"穹庐"、"毡帐"辨析》，《中国历史文物》2009 年第 3 期，封面，转引自香港临时市政局编印：《汉唐陶瓷艺术——徐展堂博士捐赠中国文物粹选》，香港：香港文物出版社 1998 年版，第 105 页。

② （唐）白居易：《青毡帐二十韵》，载《全唐诗》卷四五四，中华书局 1979 年版，第 14 册，第 5141 页。

③ （宋）程大昌：《演繁露》卷一三"百子帐"条，载《景印文渊阁四库全书》第 852 册，台湾商务印书馆 1986 年版，第 181 页。

A型圆帐篷是目前考古材料中发现帐篷形象的主体部分，根据其表现载体不同，可以分为陶质模型器、葬具图像、墓葬壁画和石窟寺壁画4大类，共计31例。

第一类，陶质帐房模型。共2件，分别出土于山西大同雁北师院北魏墓M2和河南巩义北窑湾唐墓M6。二者形制略有不同，雁北师院M2所出圆形帐房模型正中开门，门上有门楣并绘有门簪，门两侧红彩各绘一窗，半球形顶部绘有红彩顶圈，并绘放射状下垂红线于围壁处呈花形挽结示意绳索对帐的绑缚。北窑湾M6所出陶质帐形器模型，形制更接近今天的蒙古包，有一长方形开口为门（图1-1）。

第二类，葬具上的帐篷图像。共6例，皆为圆形穹窿顶，根据毡帐规模可分为两类。一类属于小型帐篷，整体呈圆柱体，周壁略呈弧形，表现的皆是与商旅出行、郊外宴饮有关的生活场景，如安伽墓围屏石榻浮雕图像中的3例圆形毡帐、史君墓石堂葬具北壁图像中心的圆形毡帐以及Miho美术馆藏石棺床葬具C板所绘宴饮狩猎场景中的毡帐形象，皆为此类便于携带且结构简单的帐篷类型；另一类则为形制较大的大毡帐，华丽的穹窿顶下可见两支木构支柱，形成宽阔的帐内空间，Miho美术馆石棺床葬具E板宴饮图中的帐篷形制便为此类，华丽大帐内除了榻上对饮的男女两人外，两侧立柱旁还站有两名侍者（图1-12）。

图1-12　葬具上所见圆形帐篷形象（石质葬具）①

1.安伽墓围屏石榻左侧屏风第3幅摹本 2.安伽墓围屏石榻正面屏风第5幅摹本 3.安伽墓围屏石榻右侧屏风第2幅摹本 4.史君墓石堂北壁N1摹本 5.6.Miho美术馆石棺床正面屏风第2幅、左侧屏风第3幅

① 参见图1-6。

第三类，墓葬壁画中的帐篷形象。主要有甘肃酒泉西沟村魏晋壁画墓，共见穹庐形象12例，分别见于M5、M7前室的画像砖壁上。穹庐帐多与飞鸟、树林、煮食等内容共同出现，反映当地少数民族的生活情形（图1-13，1、2）。嘉峪关魏晋壁画墓共见穹庐图像5例，均出自3号墓，画像砖所见绘穹庐的画面与西沟村壁画墓所见如出一辙，出现在三个画面中，即屯营场景中央的大帐形象、坞堡外纵向排列的2个穹庐帐形象和旷野树下并列的2个穹庐帐形象。除了屯营场景中的大帐为军事用途形制宏大外，其他4例穹庐毡帐的形制基本相同（图1-13，3、4）。

第四类，石窟寺壁画中的帐篷形象。在敦煌石窟寺壁画中也见到若干圆形毡帐形象，皆为白色圆顶，开有一方形门，通过门可看到毡帐内部菱形木格交错的帐篷骨架所构成的围壁，帐内地面铺有毡毯；其中晚唐第156窟、榆林第38窟所绘毡帐还可看到顶部的圆形天窗，这些毡帐形象皆与弥勒经变之嫁娶图有关（图1-14）。

1                                    2

3                                    4

**图 1-13　墓葬壁画所见帐篷形象** [1]

1.2.甘肃酒泉西沟村魏晋壁画墓 M7 画像砖（壁画摹本）　3.4.嘉峪关魏晋壁画墓 M3 画像砖（壁画摹本）

---

① 参见图 1-9。

1                                          2

图 1-14　石窟寺壁画所见帐篷形象（线描图）[①]

1.嫁娶图（莫高窟第 148 窟）　2.嫁娶图（榆树晚唐第 156 窟）

## 2.B 型圆帐篷

此型圆帐篷为顶部正中部作向上突起状，可以开启，帐篷整体略呈喇叭形（图 1-15）。毡帐形象的载体主要是墓葬壁画和木质葬具两类，分别为山西大同沙岭北魏壁画墓 M7 墓室南壁壁画，其西部场景第四行和第五行绘制的 5 顶圆形毡帐，均为顶部向上突起，似为可开启状；青海德令哈夏塔图吐蕃墓出土棺板画中的 7 例帐房形象，均为顶部中央突起开喇叭形气孔的圆形帐篷。

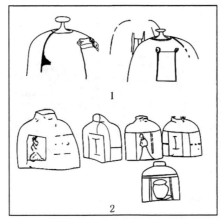

图 1-15　B 型圆帐篷（笔者根据资料摹绘线描图）[②]

1.青海夏塔图吐蕃棺板画中毡帐　2.山西大同沙岭北魏壁画墓 M7 南壁壁画中毡帐

---

① 线描图引自萧默：《敦煌建筑研究》，文物出版社 1989 年版，第 200 页。

② 参见图 1-10。

## （二）方形帐篷

方形帐篷，底部平面呈方形，顶部收为两坡面。考古材料发现的此类帐篷形象数量较少，载体形式主要为陶质模型器和石质葬具图像两类，共7例。根据帐篷形制的差异，可以将此类帐篷分为A、B两型。

### 1.A型方帐篷

此型方帐篷均为陶质帐房模型，共4件，形制基本相同，均为底部平面呈方形，四壁略外鼓，向上渐收拢，至顶部收为两坡面，顶部中间开两个天窗；前壁中部开门，门楣前突且宽于门框。根据其整体构架以及顶部天窗的设置、毛毡的固定方式可以看到，A型方帐篷无论搭建方式还是整体形制，与传统方帐篷（即流行于青藏高原和西南羌塘草原的黑帐篷）完全不同，反而与蒙古包式圆帐篷的框架结构更为接近，属于框架式帐篷系统。

4件方帐房模型分别出土于大同雁北师院北魏墓M2和北魏司马金龙墓，其中雁北师院所出2件帐房模型上有红色彩绘（图1-16）。

### 2.B型方帐篷

此型方帐篷均为石质葬具浮雕图像中的帐篷形象，帐篷顶部呈两面坡，整体呈方形结构，共3例。西安北周安伽墓围屏石榻浮雕壁画中见方形大帐2例，均为顶部两坡面状，坡度较小，帐顶正中装饰日月徽标，帐内数人，或坐或立（图1-17，1、2）。其中，正面屏风第1幅的方形大帐内共有10人，第一排中间端坐主人，其两侧为演奏乐者。帐外，众侍者围绕1名正在舞蹈的舞者，整幅图像描绘了郊外奏乐舞蹈的场景；正面屏风第4幅图像中的方形毡帐内两人凭几对坐，其旁站立3名侍者，帐外是两位首领会面的场面，整幅图像描绘了郊外宾主相会、博弈休息的情景。太原虞弘墓石椁浮雕壁画见方形大帐1例，帐顶中间高、两面低，呈斜坡状。帐内后部正中饰以连珠纹装饰的帐幔式建筑（图1-17，3）。在檐下床榻之上头戴皇冠的男女主人对坐饮酒，两侧各有2名男女侍者相对而站。帐前是一片开阔场地，左右对称跪坐6名乐者，中间有1名男子正在舞蹈，整幅图像同样呈现的是歌舞宴饮的场景。

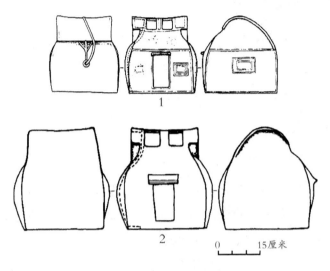

**图 1-16　A 型方帐篷**[①]

1.大同雁北师院北魏墓 M2 陶质帐房模型线描图　2.北魏司马金龙墓陶质帐房模型线描图

**图 1-17　B 型方帐篷**[②]

1.安伽墓围屏石榻正面屏风第 1 幅摹本　2.安伽墓围屏石榻正面屏风第 4 幅摹本
3.虞弘墓石椁椁壁第 5 幅摹本

---

① 参见图 1-3、图 1-4。
② 参见图 1-7。

### （三）载帐架骆驼俑

整理目前发现的载帐架骆驼俑资料，结合壁画、画像砖所见驼俑图像材料，根据骆驼俑所驮载帐架及物品的形态特征，可将此类骆驼俑划分为四式。[①]

Ⅰ式：骆驼双峰两侧挂宽而厚重的木排状帐架，帐架处于突显位置，双峰间搭有少量物品，如囊袋、毡毯、扁壶等。属于此式的标本多有明确纪年，显示其开始出现并流行于公元 6 世纪前半叶，即北魏晚期至西魏，如河北曲阳北魏墓、河南偃师北魏墓、陕西咸阳西魏侯义墓等随葬的载帐架骆驼俑。另有加拿大皇家安大略省博物馆徐展堂中国艺术馆收藏的北魏晚期骆驼俑，经判断也应属于此式（图 1-18，1；图版一）

Ⅱ式：骆驼双峰两侧所挂木排状帐架较Ⅰ式窄，且帐架所占比例也相对Ⅰ式有所减小，帐架的弧度增大，厚重感减少，不再居于突出地位，双峰间搭载的物品表现渐趋细致，骆驼整体风格仍然浑厚。此式骆驼俑流行于公元 6 世纪中期至 7 世纪初，即北朝晚期至唐初，如河北磁县东魏茹茹公主墓等所出骆驼俑。太原北齐东安王娄睿墓中除了出土有载帐架骆驼俑外，在其墓道东西两壁壁画的骆驼商队场景中也出现有此类骆驼形象。此外，太原地区北齐墓葬出土的骆驼俑有些还会于驼载物品顶部放置一圆形帐篷顶圈，太原北齐张肃墓、韩念祖墓、娄睿墓等随葬骆驼俑皆有此种情况，驼背上同时负载木排帐架和帐篷顶（图 1-18，2；图版二、三、四、五）。

Ⅲ式：骆驼双峰两侧所挂帐架呈窄长方形木排状，木排比例较小，略有弧度，质地轻薄，双峰间所载物品占据主要地位，新出现兽首囊袋，骆驼整体风格高大而精致。此式流行于公元 7 世纪初期至 8 世纪前叶，即初唐至盛唐时期，如陕西长武郭村唐墓等所出骆驼俑。另有敦煌佛爷庙湾唐代画像砖墓中的模印砖上也出现此类骆驼负载帐架的形象，内容为胡商牵驼（图 1-18，3；图版六、七、八、九）。

Ⅳ式：骆驼双峰两侧所挂帐架呈两头翘起中间收窄的细长排状，质地轻薄，双峰间多载兽首囊袋，前后挂丝束、扁壶等物。骆驼形象整体高大，塑

---

① 程嘉芬：《考古材料所见魏晋隋唐时期圆形毡帐形象变化及其所反映的族群互动关系初论》，载《边疆考古研究》第 16 辑，第 210—213 页。

造极为精致。根据标本特征，结合其出土墓葬相关信息判断，此式流行于公元7世纪晚期至8世纪前叶，即盛唐时期，如西安西郊中堡村唐墓所出骆驼俑。另有香港文化博物馆收藏的陶质骆驼俑也应属于此式（图1-18，4；图版十）。

**图1-18　载帐架骆驼俑**[①]

1. Ⅰ式载帐架骆驼俑（河北曲阳北魏墓骆驼俑）　2. Ⅱ式载帐架骆驼俑（河北磁县东魏茹茹公主墓骆驼俑标本1120）　3. Ⅲ式载帐架骆驼俑（洛阳龙门唐安菩夫妇墓骆驼俑）
4. Ⅳ式载帐架骆驼俑（西安西郊中堡村唐墓骆驼俑）

　　从目前的材料中可以看到，载帐架骆驼俑肇始出现于河北曲阳北魏孝明帝正光五年（524）墓中，形制即为上文所述的载帐架骆驼俑Ⅰ式，造型为写实风格，突出呈现帐架厚重坚实的特点；至东魏武定八年（550）茹茹公主墓开始出现Ⅱ式骆驼俑，帐架已不再居于骆驼驮载物品的突出位置，且帐架构造比例均不再如前者般厚重，但木条仍然表现出非常结实的特点，并于此阶段开始于驮载物品中出现帐篷顶圈，虽然此类情况仅出现于北齐时期太原地区墓葬之中，但精致写实的顶圈的新出现，仍可看作是这一阶段的鲜明特征；唐初至盛唐，驮载帐架比例、形象均向轻薄窄小方向发展，出现Ⅲ式骆驼俑，此时期驮载帐架已不再写实化，而表现为渐趋抽象化；盛唐时期，驮载排状帐架发展至Ⅳ式，整个木排弧度非常明显，两头翘中间窄，已经完

---

① 葛承雍：《丝路商队驮载"穹庐"、"毡帐"辨析》，《中国历史文物》2009年第3期，图版六，图版七；磁县文化馆：《河北磁县东魏茹茹公主墓发掘简报》，《文物》1984年第4期；程永建、周立主编，洛阳市文物考古研究院编著：《洛阳龙门唐安菩夫妇墓》，第49页。

全作为一种抽象化符号的表象而被塑造。驼载帐架这种骆驼俑的出现和形制演变进程，与其出现的时空特点相符合。随着北魏孝文帝迁都洛阳，鲜卑族群正式入主中原，来自于游牧居室文化的传统与记忆亦随之流行于中国北方，驼载帐架的这种由写实到抽象的表现形式，正是伴随"胡风"渐盛[①]社会风尚的流行而产生，工匠于驼载帐架形象理解的深入，塑造出的帐架随之逐渐抽象化，至盛唐时期最终演变成为一种只具有象征意义的抽象化符号，这也是人们对于毡帐形态熟悉、社会认知普遍化的一种物化表现。

# 本章小结

通过梳理考古材料所见帐篷形象，根据帐篷平面形制的差异，将其分为圆形帐篷和方形帐篷两大类，又根据帐篷顶部结构的不同，将圆形帐篷分为 A 型圆帐篷和 B 型圆帐篷。方形帐篷数量较少，仅见 5 例，但仔细观察其形制和特征，可以判断其应属于不同谱系，依据帐篷搭建方式的差异，亦将方形帐篷分为 A 型方帐篷和 B 型方帐篷两类。这些帐篷形象的表现载体主要有陶质模型、葬具图像、墓葬壁画和石窟寺壁画四个类别，呈现出的文化内涵各不相同。

另一方面，根据骆驼俑驮载帐架及物品的形态特征，将载帐架骆驼俑分为四式。Ⅰ式骆驼双峰两侧挂宽而厚重的木排状帐架，帐架处于突显位置；Ⅱ式骆驼双峰两侧所挂木排状帐架比例相对Ⅰ式而减小，帐架的弧度增大，厚重感减少，不再居于突出地位；Ⅲ式骆驼双峰两侧所挂帐架呈木排状，所占比例较小，略有弧度，质地轻薄，双峰间所载物品占主要地位；Ⅳ式骆驼双峰两侧所挂帐架呈两头翘起中间收窄的细长排状，质地轻薄，帐架呈符号化发展趋势。骆驼俑所载帐架的演变表现出持续发展、阶段性特点的总体特征。随着北魏孝文帝迁都洛阳，游牧族群南迁进入中原，人们对于毡帐这类游牧文化中独具特色物品的认识越来越普遍，从逐渐接受到全民喜爱。反映在物质文化上，便是工匠在制作载帐架骆驼俑时对这种帐篷支架的符号化表现。纵观其演变进程，正是这种由厚重写实到轻薄抽象的表现趋势。

---

① 　向达：《唐代长安与西域文明》，第 3—121 页。

# 第二章　帐篷形象的时空特征

　　本章拟对考古材料所见帐篷形象的地域分布和时代特征进行整体考察，通过整合上述与帐篷有关的直接材料和间接材料，结合文献史料，分析帐篷这一游牧族群传统居室文化的物化代表于中古中国的时空分布特征。可以看到，穹庐毡帐的形象自公元 4 世纪魏晋时期开始进入人们的研究视野，随着时间推进，少数民族政权南迁，其游牧居室文化的代表毡帐也随之进入中原，发展和演进过程在时间和空间上大体表现为四个阶段，最终于盛唐时在中国北方黄河流域普遍分布。

## 一、魏晋时期

　　魏晋时期，考古材料所见帐篷形象仅见于河西地区魏晋壁画墓中，均绘于墓室前室室壁，主要表现的是墓主人生活的地理环境和社会风貌。

　　相对于彼时中原地区的割据混乱，公元 4 世纪的河西之地可谓偏安一隅，稳定而富庶。河西地区土地肥沃，"自武威以西……地广民稀，水草宜畜牧，故凉州之畜为天下饶"[①]，"而三辅左右及凉、幽州，内附近郡，皆土旷人稀，厥田宜稼"[②]等记载，为我们理解当地的自然环境和生产生活提供了丰富史料。

---

① 《汉书》卷二八《地理志下》，中华书局 1975 年版，第 1644—1645 页。
② 《通典》卷一《食货一·田制上》，中华书局 1988 年版，第 14 页。

这一地区自古以来便是发展农业、畜牧业的良好区域。同时，河西地区又是古代中西方文明交往的交通要道，西汉时便在此地设置酒泉、武威、张掖、敦煌四郡，隶属凉州。建安以来，去凉州治远，置为雍州。三国时属魏，又统于凉州，至晋循而未改。晋南迁后，此地为前凉张氏所据。目前发现毡帐形象的嘉峪关壁画墓和酒泉西沟村壁画墓皆属于当时的酒泉郡。

这一时期画像砖墓壁画中所见毡帐形象表现的内容主要有两类：一类为军队屯营题材，即嘉峪关三号墓的屯营图①所呈现的军事措施中使用帐的情形。位于营地中心的中央大帐为营中长官所居，其周围环绕三重小帐，这里"大帐"的称谓是为了与图中大帐周围兵士所居住的小帐相区别。《三国志·魏书·典韦传》曾载"（曹操）拜韦都尉，引置左右，将亲兵数百人，常绕大帐"②，军士将统帅的居所围于中心，并巡逻守卫，以保障统帅的安全。嘉峪关壁画墓的屯营图所绘场景便正是当时屯营"戈矛若林，牙旗缤纷"③情形的真实再现。

另一类则是与边塞少数民族生活息息相关的题材，此类题材中的穹庐毡帐是这一时期河西地区帐篷形象的主体内容。嘉峪关三号墓前室北壁西侧画像砖上所绘的两顶穹庐帐，其内各有一褐衣髡发之人，一为睡卧状，一人蹲踞，用瓦器煮食，持棍作搅拌状④。图像中的褐衣、髡发，应为鲜卑族之习俗。《后汉书·鲜卑传》云："鲜卑者，亦东胡之支也，别依鲜卑山，故因号焉。其言语习俗与乌桓同，唯婚姻先髡头……。"⑤《后汉书·乌桓传》载："乌桓者，本东胡也。……居无常处，以穹庐为舍，东开向日。……父子男女，相对蹲踞，以髡头为轻便。"⑥《太平御览》引《风俗通》也称鲜卑人是"皆

---

① 甘肃省文物队、甘肃省博物馆、嘉峪关市文物管理所编：《嘉峪关壁画墓发掘报告》，第 68 页。

② 《三国志》卷一八《典韦传》，中华书局 1973 年版，第 544 页。

③ （汉）张衡《东京赋》，载（梁）萧统《文选》卷三，清光绪十一年（1885）上海同文书局仿汲古阁石印本，第 13 页。

④ 甘肃省文物队、甘肃省博物馆、嘉峪关市文物管理所编：《嘉峪关壁画墓发掘报告》，第 68 页，标本 M3：43。

⑤ 《后汉书》卷九〇《乌桓鲜卑列传》，中华书局 1973 年版，第 2985 页。

⑥ 《后汉书》卷九〇《乌桓鲜卑列传》，第 2979 页。

髡头衣褚"[1]。可见作为东胡支裔的鲜卑和乌桓，都有髡头的习俗。因此，可以推断嘉峪关魏晋壁画墓画像砖上绘制的使用穹庐毡帐的少数民族应是当时的河西鲜卑。[2]酒泉西沟村 M5、M7 两座墓葬的前室室壁上也都绘有穹庐帐和披发少女的场景，以及炊器、煮食等相关内容[3]。其表现场景、人群生活习俗与嘉峪关壁画墓内容如出一辙。此外，河西地区魏晋壁画墓的壁画内容中还有大量对移居此地的中原汉民族生活形态的描绘，壁画中各种坞堡、农业耕作等内容，均显示出此时期这一地区庄园经济的发达。总之，从河西地区这批魏晋时期壁画墓的壁画内容可以看到，坞与毡帐的不同使用者、农耕与畜牧的生业形态描绘、坞与帐并存出现的社会场景等，皆显示了中原汉民族与河西少数民族在经济形态、居住形式、生活习俗等各方面的差异性。河西地区各族群和谐共处是这一时期社会生活的主要场景，这些内容在魏晋时期壁画墓的图像中可窥一斑，如嘉峪关壁画墓 M3 前室北壁帐与坞绘于一幅图像的例证，图像中左部为纵向排列的两个穹庐帐，毡帐形制较矮，呈半圆状，有一拱形帐门，帐内各有一褐衣髡发人，图像右部则为汉人使用的坞。

通过这些绘有毡帐形象的壁画场景，可见魏晋时期河西地区各族群交融的历史真实。军帐场景的出现极具时代特征，不仅呈现出当时军事配置的实景场面，也反映出魏晋时期屯田政策实施的具体细节。墓葬中以穹庐毡帐为标志的河西少数民族生活与以汉族坞堡为标志的中原庄园经济共存的场景，也为我们理解这一时期河西地区各民族交往、共存共融的实际情况提供了新的资料。

# 二、北魏定都平城时期

北魏定都平城时期（398—494），考古材料所见帐篷形象均发现于今山

---

① （宋）李昉等撰：《太平御览》卷六四九，中华书局 1985 年版，第 2902 页。

② 甘肃省文物队、甘肃省博物馆、嘉峪关市文物管理所编：《嘉峪关壁画墓发掘报告》，第 68 页。

③ 甘肃省文物考古研究所：《甘肃酒泉西沟村魏晋墓发掘报告》，《文物》1996 年第 7 期。

西大同地区即北魏平城地区，如大同雁北师院北魏墓以及司马金龙墓随葬的陶帐房模型[①]、沙岭北魏太武帝太延元年壁画墓[②]中所绘毡帐形象等。

山西大同位于黄土高原东北部，山西高原北端，境内以大同盆地为中心，东隔恒山、太行山与华北平原相邻，北接蒙古高原，处于我国北方农业区和畜牧区的交错地带，这里的文化特征也表明本地是农业文化圈与游牧文化圈的重叠区域，文化面貌上具有中原汉民族文化与北方游牧民族文化的双重性。大同历史上最早设置的行政区划是战国时赵武灵王所设雁门郡[③]，秦时因之未改，两汉时期大同地区分属雁门郡与代郡，今天的大同市属于汉代雁门郡的平城县。清人顾祖禹曾在评论大同军事地理时，称大同"东连上谷，南达并、恒，西界黄河，北控沙漠，居边隅之要害，为京师之藩屏……据天下之脊，自昔用武地也"[④]。

鲜卑是起源于北方森林草原的游牧民族，"俗善骑射，随水草放牧，居无常处，以穹庐为宅，皆东向"[⑤]。公元398年，北魏道武帝拓跋珪正式迁都平城（今山西大同地区），拓跋鲜卑的政治中心转移至晋北地区。随着"计口授田""劝课农桑"等一系列政策的颁布实施，拓跋鲜卑统治境内农业得到迅速发展，主要生业模式由游牧转为定居，人们的居住模式也随之发生变化，《南齐书·魏虏传》载"什翼珪始都平城，犹逐水草，无城郭，木末始土著居处。佛狸破梁州、黄龙，徙其民居，大筑郭邑"[⑥]，便为我们详细描述了北魏初定平城时居住形态的变化，即北魏道武帝拓跋珪定都平城时，生业形态仍然是逐水草而居的游牧习俗，并未建造城郭，直至太武帝拓跋焘时大破梁州和黄龙后，迁徙其民，始筑城郭。随着定都平城的鲜卑统治者颁布

---

① 大同市考古研究所、刘俊喜主编：《大同雁北师院北魏墓群》，第66—68页，图版38—42；山西省大同市博物馆、山西省文物工作委员会：《山西大同石家寨北魏司马金龙墓》，《文物》1972年第3期。

② 大同市考古研究所：《山西大同沙岭北魏壁画墓发掘简报》，《文物》2006年第10期。

③ 《史记》卷一一〇《匈奴列传》，中华书局1975年版，第2885页。

④ （清）顾祖禹撰，贺次君、施和金点校：《读史方舆纪要》卷四四《山西六·大同府》，中华书局2005年版，第1992—1993页。

⑤ 《三国志》卷三〇《乌丸鲜卑东夷传》，裴松之注引《魏书》，第832页。

⑥ 《南齐书》卷五七《魏虏传》，中华书局1972年版，第984页。

实施的一系列有关生计方式的策略，符合当地自然条件、文化特征的经济形态得以最终确立，从而开启了北魏定都平城时期政治、经济、文化、社会生活全方位的繁荣发展。

公元 5 世纪的平城，是鲜卑族与汉民族加速交流交往的重要舞台，体现在丧葬制度上，主要是陶质毡帐模型与大量陶俑、生活用具模型、家畜模型及成套陶车模型等典型汉文化随葬器物经常性共存。陶质帐房模型是这一时期新出现的随葬器物，为我们认识鲜卑族群居室文化全貌提供了重要实物参考。其中，大同雁北师院 M2 出土 3 件陶帐房模型是作为随葬器物与陶骆驼、马等共同放置于墓室中部的；东晋皇族后裔司马金龙墓中的陶质帐房模型也是与大量釉陶俑群共同随葬，其中还出土了规模宏大、建制完整的出行仪仗俑群。① 壁画对毡帐的表现方式也与前期不同，沙岭壁画墓南壁壁画所绘毡帐形象便表现在一幅人数众多、规模宏大的宴饮场景中的西面一隅之处，其功能与鲜卑族墓主人所处庑殿顶建筑表现出明显区别，可见平城时期鲜卑人群日常生活中传统居室文化毡帐虽然仍然存在，但在功能上实际已经发生巨大变化。通过这些考古材料可以看到，公元 5 世纪的毡帐，在地域、功能及表现方式上与此前有了很大变化。同时，雁北师院北魏墓葬、司马金龙墓中出土的陶帐房模型皆与大量文武俑、侍女俑、骆驼等家畜俑以及完整的陶牛车俑群等共出，从丧葬制度上显示出明确的游牧文化因素与汉族丧葬习俗共存的特征，也正是这一时期鲜卑统治者与汉族上层贵族组成的统治集团共同治理下的平城地区民族交融、文化交往的物化结果。

此外，雁北师院北魏墓群中与陶帐房模型同出于 M2 的还有一组陶车模型，包括鳖甲车 2 辆、卷棚车 2 辆，而该墓群中 M5 宋绍祖墓更是出土有一套完整的车舆系列，为研究北魏定都平城时期的车辆配置和车制提供了重要信息。② （图 2-1）从宋绍祖墓中出土的整套陶车模型中，可以看到，作为主

---

① 王雁卿：《北魏司马金龙墓出土的釉陶毡帐模型》，《中国国家博物馆馆刊》2012 年第 4 期；山西省大同市博物馆、山西省文物工作委员会：《山西大同石家寨北魏司马金龙墓》，《文物》1972 年第 3 期。

② 大同市考古研究所、刘俊喜主编：《大同雁北师院北魏墓群》，第 66—67、157—160、173—176 页。

车使用的是一种车盖呈椭圆形、顶部隆起的鳖甲车，这种鳖甲车目前仅在北魏定都平城期间的墓葬中有所发现，并且皆作为车舆出行的主车被使用，非常具有时代特色。鲜卑本无车舆之制，定都平城之后，魏武帝草创之。因此，根据此类鳖甲车车厢形式的结构，可以推断其很可能是结合了游牧毡帐这种鲜卑族传统居住方式的形制特征而创造出的"多违旧章"[①]的一类车辆，系北魏定都平城时期出现的一种独特的车辆形制，而这种模仿毡帐造型出现的鳖甲车在整套车舆制度中的主车地位也正反映了北魏统治阶级的民族特征。

图 2-1 雁北师院北魏墓群 M2 出土鳖甲陶车模型[②]

1. 鳖甲车（标本 M2：47） 2. 鳖甲车（标本 M2：48）

沙岭北魏太武帝太延元年壁画墓南壁壁画中的毡帐与屋宇形象共同出现在宴饮图中，可见此时期毡帐与屋宇均为拓跋鲜卑所采用的居住方式，游牧民族的居室习惯尚未彻底改变。墓主人虽是鲜卑人，但可以看出当时平城地区鲜卑族汉化的程度及民族交融、文化交往的情形。因此，综合考虑陶质方

① 《魏书》卷一〇八《礼志四》，中华书局 1974 年版，第 2811 页。
② 大同市考古研究所、刘俊喜主编：《大同雁北师院北魏墓群》，第 67 页。

形帐房模型出现的时代与文化背景，笔者认为此类方形陶帐房应该是一种始创于平城时期的独特帐篷形式。具体而言，这种方形帐房是结合了框架式圆帐篷（即蒙古包式帐篷）的结构和汉式房屋的外观样式（方形）的产物。此类帐房虽然平面呈方形，但其搭建方式、结构特点仍然属于框架式帐篷系统，而这些框架式内部支撑、外覆毛毡为篷以及顶部设置天窗的建筑要素，均应源于鲜卑族传统穹庐毡帐。随着北魏孝文帝迁都洛阳，这种平城特色的方形帐房也因上层阶级的进一步汉化而退出了鲜卑人的社会生活。

虽然这个时期考古材料中的毡帐形象仅发现于平城周围（即山西大同地区），但文献中还是有过一些出现于他处的记载。《宋书》曾载南朝宋文帝元嘉二十七年（450），北魏拓跋焘南征彭城，曾在城南戏马台设立毡屋[1]；宋后废帝刘昱于元徽五年（477）在其仁寿殿东隅张设"毡幄"寝处，被杨玉夫人等人杀害[2]。这些出现在文献中的关于毡帐的记载，应是伴随鲜卑南下的军事行为而发生的，可以说，公元5世纪毡帐的传播与鲜卑族的兴盛和发展关系紧密。

总之，这一时期毡帐形象在平城地区的出现，与北魏统治者定都于此关系密切。从这些毡帐形象相关的考古材料及文献记载中，可见北魏定都平城时期民族交融、文化交流以及鲜卑族的汉化过程和游牧民族与汉民族之间的互动情形等。

# 三、北魏迁都洛阳至隋唐之际

北魏迁都洛阳至隋唐之际（5世纪末至7世纪初），考古材料所见帐篷形象较为多见，多是6世纪后半叶的石棺葬具上浮雕壁画中所表现，集中发

---

① 《宋书》卷五九《张畅传》，中华书局1974年版，第1600页。参见《宋书》卷四六《张邵传》，第1397页。

② 《宋书》卷九《后废帝纪》，第190页。"毡幄"在《南齐书》卷一《高帝纪上》第10页作"毡屋"。

现于陕西西安、山西太原两地，如北周安伽墓石棺围屏①、北周史君墓石堂葬具②、Miho 石棺床③、太原虞弘墓石椁葬具④等浮雕壁画中的各类帐篷形象，其表现内容则多与这个时期在华粟特人及其商队活动⑤有关。然而，始出现于此时期的驼载帐架之形象则分布较为广泛，河北曲阳北魏营州刺史韩贿妻子高氏墓出土的载帐架骆驼俑⑥，是目前发现的最早驼载帐架的证据，出现在北魏孝明帝正光五年（524）。Ⅰ、Ⅱ式载帐架骆驼俑在北朝后期至隋代的墓葬中有较多发现，地域分布则集中于山西、河南、河北地区，Ⅱ式载帐架骆驼俑发现的年代上限则可上溯到唐朝初年，范围到达今辽宁朝阳地区⑦。

　　文献中也可找到数条有关毡帐的记载。南齐明帝建武二年（495），北魏孝武帝率军南下至寿阳，"军中有黑毡行殿，容二十人坐"⑧；明帝永泰元年（498）北魏军围攻樊城，"虏去城数里立营顿，设毡屋"⑨；北魏安定王中兴二年（532），高欢"遣四百骑奉迎帝入毡帐"⑩；梁元帝承圣元年（552），王僧辩等征讨侯景时的出兵檄文中也有"偃师南望，无复储胥、露寒，河阳北临，或有穹庐毡帐"的描写⑪。此外，也有对中原统治者使用毡帐的描述，如隋大业三年（607），隋炀帝北巡突厥，"欲夸戎狄，令恺为大帐，其下

---

① 　陕西省考古研究所编著：《西安北周安伽墓》，第 21—40 页。

② 　西安市文物保护考古所：《西安北周凉州萨保史君墓发掘简报》，《文物》2005 年第 3 期。

③ 　荣新江：《Miho 美术馆粟特石棺床屏风的图像及其组合》，载《艺术史研究》第 4 辑，第 199—221 页。

④ 　山西省考古研究所、太原市文物考古研究所、太原市晋源区文物旅游局编著：《太原隋虞弘墓》，第 106—111 页。

⑤ 　荣新江：《北周史君墓石椁所见之粟特商队》，《文物》2005 年第 3 期。

⑥ 　河北省博物馆、文物管理处：《河北曲阳发现北魏墓》，《考古》1972 年第 5 期。

⑦ 　此处指辽宁朝阳唐蔡须达墓和河南三门峡三里桥村 11 号唐墓所出骆驼俑，蔡须达墓的年代在唐武德二年（619），三里桥村 11 号墓在唐早期。

⑧ 　《南齐书》卷五七《魏虏传》，第 994 页。

⑨ 　《南齐书》卷三〇《曹虎传》，第 563 页。

⑩ 　《北史》卷五《魏本纪》，中华书局 1974 年版，第 170 页。

⑪ 　《梁书》卷五《元帝纪》，中华书局 1973 年版，第 123 页。

坐数千人"① 等。这些文献材料中所提及的毡帐仍然多以军事用途为主。

北朝后期粟特人石棺葬具的发现和出土，为我们展示了与胡商入华行为有关的内容。随着北朝相对稳定的政治环境和丝绸之路的复兴繁荣，胡人商队入华、在华经商的贸易行为频繁，商队出行中多有骆驼、毡帐等形象随之出现。事实上，6 世纪后半叶也正是发现毡帐形象最丰富的阶段。除了圆形帐篷继续出现，还新出现 B 型方帐篷，这些毡帐和骆驼主体主要出现在如安伽墓"野宴动物奔跑图""野宴商旅图""奏乐宴饮舞蹈图"② 和 Miho 美术馆石棺床"野地营帐宴饮图"③ 等粟特人石质葬具的浮雕壁画上，以及太原北齐东安王娄睿墓道壁画中④。这些胡人商队中骆驼、马、驴等驮载的物品中，除了丝绸等外，还往往有水壶、毡帐、大雁、猴子、肉条、野兔等，这些物品并不一定均为商品，很多有可能是胡人商队的旅途生活用品。⑤ 公元 6 世纪丝绸之路贸易往来繁荣，这些外商在中国的贸易活动及其所带来的文化，对中国社会产生了重要影响，也是这一阶段经济发展背景下族群交往和文化传播的一个鲜明特色。

需要强调的是，葬具上的方形帐篷形象，均发现于北朝后期石质葬具上的浮雕图案中，虽然具体形象因描绘方式不同而存在差异，但它们所表现的都应是曾经广泛流行于西亚、中亚地区的典型方形帐篷（即黑帐篷）。同时，这一时期的石质葬具浮雕图案中也出现有数例圆形帐篷形象，如安伽墓围屏石榻 3 例⑥、西安北周凉州萨保史君墓石堂葬具 1 例⑦ 及日本 Miho 美术馆收

---

① 《隋书》卷六八《宇文恺传》，中华书局 1973 年版，第 1588 页。参见（宋）司马光《资治通鉴》卷一八〇《隋纪四》，中华书局 1976 年版，第 5632 页。

② 陕西省考古研究所编著：《西安北周安伽墓》，第 24、32—33、36—38 页。

③ 荣新江：《Miho 美术馆粟特石棺床屏风的图像及其组合》，载《艺术史研究》第 4 辑，第 199—221 页。

④ 山西省考古研究所、太原市文物考古研究所：《北齐东安王娄睿墓》，第 25、31 页。

⑤ 张庆捷：《北朝入华外商及其贸易活动》，载《4—6 世纪的北中国与欧亚大陆》，第 12—36 页。

⑥ 陕西省考古研究所编著：《西安北周安伽墓》，第 24、33、37 页。

⑦ 西安市文物保护考古所：《西安北周凉州萨保史君墓发掘简报》，《文物》2005 年第 3 期。

藏的粟特石棺床葬具 2 例[1]，出现帐篷的场景均与商旅出行、郊外宴饮有关。考察石质葬具浮雕壁画中帐篷形象的出现，尤其是方帐篷（Black-Tent）的出现，应与墓主人的身份关系密切。使用此类石质葬具的墓主人皆是北朝后期在华生活的西域人，如虞弘是来自中亚鱼国的茹茹贵族，安伽、史君都是来自撒马尔罕的粟特人。这些墓主人的共同点是都曾经担任过北周政府所设立的萨保一职。萨保，是北周政府为了管理其统治疆域内聚居的大量中亚人而设立的职位，涉及贸易与宗教等诸多方面。这些供职于政府的中亚人，一方面将中亚的生活习俗与民族文化传入中原，另一方面则在中原文化的熏陶之下逐渐汉化。文化交融的过程中，新的习俗也随之产生。例如，在西亚，粟特人的传统葬具为纳骨罐[2]，而久居中原的粟特人则开始使用石质葬具。因此，装饰有浮雕图案石质葬具的出现也正是在华粟特人与汉民族交往、文化交融的产物，浮雕的内容为我们了解当时社会族群互动的情况提供了宝贵材料。

　　因此，可以说公元 6 世纪的一百年中，不论是因为鲜卑统治中心南移及其军事行为，还是繁荣往来于丝绸之路的大量外商的在华贸易行为，共同带来的是外来文化在中国北方地区的传播和民族间的文化交流，这些交往与互动，从考古材料获得的毡帐和载帐架骆驼形象的出现及时空分布中可窥端倪。

# 四、唐代

　　唐代（618—907），考古材料所见帐篷形象数量较少，仅有河南巩义北

---

[1]　荣新江：《Miho 美术馆粟特石棺床屏风的图像及其组合》，载《艺术史研究》第 4 辑，第 199—221 页。

[2]　考古资料显示，粟特人有使用"盛骨瓮"（Ossuary）作为葬具的丧葬传统，这种丧葬习俗源于火祆教。火祆教徒死后，尸体让狗或其他动物啄食皮肉，剩下骨骼放在纳骨器中下葬。乌兹别克斯坦花剌子模托克拉（Tok-kala）便曾出土过一件帐篷形纳骨罐。此外，中国新疆鄯善县吐峪沟也曾出土过一件帐篷形纳骨罐。参见林梅村《高昌火祆教遗迹考》，《文物》2006 年第 7 期；*Archaeology in Soviet Central Asia*, Leiden: E.J. Brill,1970, pp.101; Litvinsky,B.A.(EDT),Guang-da,Zhang(EDT),Samghabadi,R.Shabani(EDT),*History of Civilizations of Central Asia,Volume III:The Crossroads of Civilizations:A.D.250 to 750*,Paris:UNESCO Publishing,1996.pp.209,pp.220.

窑湾唐墓出土的 1 件陶质帐形器[①]、青海德令哈市郭里木乡夏塔图墓地出土的吐蕃时期彩绘棺板画中的毡帐形象[②]，以及敦煌莫高窟壁画嫁娶图中出现的若干毡帐形象[③]。其中，北窑湾唐墓的时代应属于 7 世纪末叶武则天迁都洛阳时期的盛唐阶段。

这时期文献方面有关毡帐的记载可见数条，颉利可汗在长安被安置在太仆寺内，"颉利不室处，常设穹庐廷中"[④]；麟德二年（665）十月，唐高宗从东都洛阳出发赴东岳泰山，"从驾文武兵士及仪仗、法物，相继数百里，列营置幕，弥亘郊原，突厥、于阗、波斯、天竺国、罽宾、乌苌、昆仑、倭国及新罗、百济、高丽等诸蕃酋长各率其属扈从，穹庐毡帐及牛羊驼马，填候道路"[⑤]；唐太宗的太子李承乾"好效突厥语及其服饰，选左右貌类突厥者五人为一落，辫发羊裘而牧羊，作五狼头纛及幡旗，设青庐，太子自处其中，敛羊而烹之，抽佩刀割肉相啖"[⑥]。除皇家子弟使用青毡帐外，民间日常生活中也不乏使用毡帐之例，如白居易于唐文宗太和三年（829）以太子

① 河南省文物考古研究所、巩义市文物保管所：《巩义市北窑湾汉晋唐五代墓葬》，《考古学报》1996 年第 3 期。

② 许新国：《郭里木吐蕃墓葬棺板画研究》，《中国藏学》2005 年第 1 期；《中国国家地理》2006 年第 3 辑《青海专辑·》（下）收录的一组文章介绍了青海吐蕃棺板画，即：程起骏《棺板彩画：吐谷浑人的社会图景》、罗世平《棺板彩画：吐蕃人的生活画卷》、林梅村《棺板彩画：苏毗人的风俗图卷》；林梅村：《青藏高原考古新发现与吐蕃权臣噶尔家族》，载《亚洲新人文联网"中外文化与历史记忆学术研讨会"论文提要集》，香港，2006 年；罗世平：《天堂喜宴——青海海西州郭里木吐蕃棺板画笺证》，《文物》2006 年第 7 期；霍巍：《青海出土吐蕃木棺板画人物服饰的初步研究》，载《艺术史研究》第 9 辑，第 264 页；霍巍：《吐蕃系统金银器研究》，《考古学报》2009 年第 1 期。参见马冬《青海夏塔图吐蕃王朝时期棺板画艺术研究》，四川大学博士后研究工作报告，2010 年，第 29—39 页。

③ 见于敦煌莫高窟盛唐 445 窟、盛唐 148 窟、中唐 360 窟、晚唐 156 窟以及榆林五代 38 窟等弥勒经变之嫁娶图。

④ 《新唐书》卷二一五上《突厥传上》，中华书局 1975 年版，第 6036 页。

⑤ 《册府元龟》卷三六《帝王部·封禅二》，中华书局 1982 年版，第 393 页。

⑥ 《资治通鉴》卷一九六《唐纪十二》，第 6189—6190 页。参见《旧唐书》卷七六《恒山王承乾传》，中华书局 1975 年版，第 2648 页；《新唐书》卷八〇《常山王承乾传》，第 3564 页。

宾客分司东都洛阳，住在其履道坊宅内，直到唐武宗会昌五年（845）辞世，18 年间，在其宅院内张设了一顶青毡帐①，并于其诗文中多次提及或专门描述了"青毡帐"，其中以《青毡帐二十韵》描写得最为翔实。淮南节度使高骈（879—887 年在任）的府衙内，也张设了一顶"青毡帐"，这顶青毡帐是幽州节度使李可举（863—885 年在任）赠送的礼物，高骈幕府崔致远在谢状中记叙了此事并描述了青毡帐的形制。②

与毡帐相关的载帐架骆驼形象也普遍发现于这一时期的中国北方地区的唐墓中，分布地域东至山西长治地区、陕西西安、长武，南到河南偃师、巩义，北至辽宁朝阳，西北达甘肃敦煌。载帐架骆驼俑类型主要为Ⅲ式、Ⅳ式，驼载帐架已经由前期Ⅰ、Ⅱ式的写实风格逐渐演变为Ⅲ式抽象化的特点，并最终在盛唐之时演变成为Ⅳ式的象征符号。同时，驼载物品也趋于模式化、象征性的表现形式。无论是驼载帐架的抽象化演变特点，还是出现于河南巩义北窑湾盛唐墓葬中的陶帐篷模型器，皆为我们呈现的是一幅唐代社会生活的图景，在这幅图景中，毡帐这种极具游牧民族特色的物品已在当时社会生活中普遍可见。人们对于这类胡人标示性物品的接受程度显示了唐代社会对于外来风尚的普遍接受和喜爱，而骆驼俑负载物品的模式化、驼载帐架的最终符号化抽象表现形式，则间接地印证了这种"胡风"渐盛的社会现象。

## 本章小结

通过梳理分析魏晋至隋唐时期帐篷相关的考古资料，可以看到这一时期的帐篷形象和载帐架骆驼形象的分布极具地域特色和时代特点。从目前的墓葬、石窟寺等考古材料可见帐篷及帐篷相关资料均发现于中国北方地区，公元 4 世纪即魏晋时期，帐篷资料仅发现于河西地区的魏晋壁画墓中，表现的

---

① 中国社会科学院考古研究所洛阳唐城队：《洛阳唐东都履道坊白居易故居发掘简报》，《考古》1994 年第 8 期。

② （唐）崔致远：《桂苑笔耕集》卷一〇《幽州李可举大王一首》，载《丛书集成初编》第 2 册，商务印书馆 1935 年版，第 88 页。

是河西本地少数民族的日常生活以及屯戍驻军的场景。公元 5 世纪即北魏定都平城期间，帐篷形象均发现于山西大同地区，出现平城特色的帐房新形式，反映了北魏政权初建阶段鲜卑文化与汉文化交融，政治、经济、文化等各类社会制度初创阶段下所形成的平城模式，这种平城模式反映在物质文化上既是陶质方帐房新类型的出现，也是鳖甲车作为主车的车舆制度的草创。公元 5 世纪末至 7 世纪初期，即北魏迁都洛阳至隋唐之际，这一阶段考古材料所见的帐篷形象主要在 6 世纪后半叶开始出现，集中分布在西安、太原两地，既有便于携带的小型圆帐篷，也有建筑复杂、形制讲究的方形大帐，同时，载帐架骆驼俑开始出现，并不断演变发展，诸多事实显示了这一阶段族群交融、互动交往大环境下的新主题和新风格。公元 7 世纪至 8 世纪中叶，即初唐、盛唐时期，帐篷形象虽然发现数量有限，但载帐架骆驼俑的数量呈爆发式增长，普遍分布于以黄河流域为核心的中国北方地区，其形制由最初的厚重写实最终演变为象征符号的模式化，体现出唐代社会对于毡帐所代表的外来风尚的普遍接受和喜好。总之，随着族群间文化交流与互动往来，民族认同性与接受性也随之加深，反映在物质文化上，便是盛唐之时与帐篷有关的考古材料普遍发现于中国北方地区。

# 第三章　帐篷形象的谱系

在游牧性质遗存的判定标准中，帐篷是其中一项重要指标，它是游牧民基本住宅样式，至迟到西汉，北方游牧族群已经普遍使用穹庐毡帐作为其住宅。[1] 因此，从考古材料出发对帐篷形象进行谱系梳理研究是非常必要且有益的。根据结构和架设方式的不同，世界范围内游牧民族使用的帐篷可分为圆形帐篷（Yurt 即蒙古包）和方形帐篷（Black Tent 即黑帐篷）两大系统，圆形帐篷为框架式帐篷，平面多呈圆形，用木条编成可开可合的木栅作为墙壁骨架，再用绳索束紧骨架，然后整体外盖羊皮或毛毡，框架与篷毡相互独立；[2] 方形帐篷则是由数根支撑木柱与具有一定张力的毛制篷毡结合，四周用绳索悬拉固定，平面多为方形，支撑柱与篷毡互为支撑，缺一不可。[3] 考古材料所见我国中古时期的帐篷主要分布于以黄河流域为中心的北方地区，帐篷类型为圆帐篷和方帐篷两大类，其渊源各有不同。根据时间及地域的纵横对比，考古材料所见中古时期的帐篷类型分属于不同系统，圆帐篷与欧亚草原传统框架式帐篷关系密切，而 B 型方帐篷则应属于来自中东、中亚的黑帐篷系统。

---

[1]　郑君雷：《关于游牧性质遗存的判定标准及其相关问题——以夏至战国时期北方长城地带为中心》，载《边疆考古研究》第 2 辑，第 425—457 页。

[2]　中国大百科全书出版社编辑部编：《中国大百科全书：建筑·园林·城市规划》，第 329 页。

[3]　参见 Roger Cribb, *Nomads in archaeology,* Cambridge: Cambridge University Press,1991, pp.85 - 86.

# 一、圆形帐篷系统

目前，考古材料中发现的圆形帐篷即文献中所称毡帐，主要有魏晋时期河西地区酒泉西沟村和嘉峪关魏晋墓的壁画、北魏定都平城时期的大同雁北师院北魏墓所出土的陶质模型、沙岭北魏太武帝太延元年壁画墓的宴饮图、公元6世纪后半叶北朝后期与粟特人有关的石质葬具上浮雕图像中的圆顶毡帐、7世纪末叶河南巩义北窑湾唐墓所出陶质帐形器以及青海吐蕃时期棺板画中的帐篷形象。此外，敦煌壁画中的若干毡帐形象为考古材料圆形帐篷形制特点、使用方式等方面的认识和理解提供了佐证。从考古材料中可见圆形帐篷系统的毡帐主要为一种平面呈圆形、框架式帐篷内壁，顶部中央可以开启并用毛毡作为帐衣的搭建结构，形制上可能类似于今天的蒙古包[1]。此外，载帐架骆驼俑的出现和传播，为理解圆形帐篷系统的发展提供了重要参考。

秦汉时期，在北方黄河流域及以南地区，使用毡帐的记载是随着东汉末年匈奴入居内地而开始出现的，但记载较少。[2] 随着拓跋鲜卑对中国北方地区军事征服行为的进展，文献中关于毡帐的记录才逐渐增多，至北朝后期伴随突厥文化的传入中原，文献中对毛毡帐记录数量呈现增长趋势。结合考古材料与文献资料，可以公元6世纪中叶为节点，将圆形帐篷在中原地区的传播分为前、后两大阶段，即鲜卑文化影响阶段和突厥文化影响阶段。

---

[1]　蒙古包：蒙古族住的毡帐称"蒙古包"，平面多呈圆形，用木枝条编成可开可合的木栅做壁体的骨架，用时展开，搬运时合拢。用细木椽组成穹窿顶的木骨架，用牛皮绳绑扎骨架，用绳索束紧骨架外铺盖羊皮或毛毡。小型的毡帐直径为4—6米，内部无支撑，大型的则需在内部立2—4根柱子支撑。毡帐内的地面铺有很厚的毡毯，顶上开天窗，地面的火塘、炉灶正对天窗（参见中国大百科全书出版社编辑部编：《中国大百科全书：建筑·园林·城市规划》，第329页）。

[2]　吴玉贵：《白居易"毡帐诗"所见唐代胡风》，见荣新江主编《唐研究》第五卷，第401—420页。

### （一）鲜卑与圆形帐篷系统

从魏晋时期河西地区酒泉西沟村、嘉峪关壁画墓的壁画到北魏定都平城时期的大同雁北师院北魏墓所出陶质模型、沙岭北魏太武帝太延元年壁画墓宴饮图中的圆形毡帐，表现的均为与鲜卑族日常生活有关之情形。观这些出土有毡帐形象的墓葬地点，无论甘肃酒泉还是山西大同，都是发展农业与畜牧业的良好地带。那么，作为游牧民族标志性代表的毡帐于这些地区的出现，应与鲜卑族的迁移行为关系密切。

鲜卑是来自于中国北方森林草原的游牧民族，魏晋人王沈在《魏书》中记载乌桓鲜卑等东胡民族"俗善骑射，随水草放牧，居无常处，以穹庐为宅，皆东向。日戈猎禽兽，食肉饮酪，以毛毳为衣……大人已下，各自畜牧治产，不相徭役"[1]，《梁书·诸夷列传》也记载鲜卑吐谷浑"有屋宇，杂以百子帐，即穹庐也"[2] 等，均表明鲜卑民族的传统居所便是穹庐毡帐。鲜卑部落集团是一个非常复杂的系统，在其不断南移的过程中，形成了许多新的别部，例如，由于与匈奴余种杂居，在草原地带南部便出现了胡父鲜卑母的铁弗匈奴，而阴山以北则为鲜卑与敕勒混合的乞伏鲜卑的先祖；西拉木伦河一带在南匈奴之后因宇文氏从阴山迁入而出现宇文鲜卑；檀石槐、轲比能等部落与后期的宇文氏、慕容氏、段氏被统称作东部鲜卑；北部鲜卑则是南迁至匈奴故地以后融合了匈奴余部而形成的所谓胡母鲜卑父的拓跋鲜卑。此外，慕容氏的一支西迁吐谷浑，融合当地羌人等土著民族而成为吐谷浑部，并与河西秃发氏、陇右乞伏氏等共称为西部鲜卑。[3]综上观之，鲜卑系统是一个十分庞大的体系，其分布范围基本涵盖了整个北方。

甘肃酒泉西沟村壁画墓、嘉峪关魏晋壁画墓等壁画中发现的毡帐图像是目前发现时间最早的考古材料，穹庐毡帐形象多与丛林、飞鸟以及少数民族

---

[1]　《三国志》卷三〇《乌桓鲜卑东夷传》，注引《魏书》，第832页。

[2]　《梁书》卷五四《诸夷列传》，第810页。

[3]　白翠琴：《魏晋南北朝民族史》，四川民族出版社1996年版，第1—133页。

日常炊煮活动等相关，主要反映的是边塞少数民族的生活情景。壁画图像中穹庐毡帐的使用者主要为河西鲜卑族群，是作为身为汉族官吏墓主人的生活环境而在墓葬中作出的写实性展现。另一方面，与毡帐这种居住形式相对立的是画像砖壁画中关于各种坞堡的描绘，直接反映了魏晋时期河西地区庄园经济的情形。相对于此时期的中原地区，河西地区可以说是安稳富庶之地，中原世族大家多举家迁徙于此，庄园经济亦于此间繁荣发展。与庄园经济相应而出现的便是各类型坞堡的出现，各世家大族于坞堡内圈养部曲，既维系自身庄园经济的生产，也用于武装防卫的保护。河西壁画墓的图像内容反映了魏晋时期此地区民族交往互动的具体情形，以及本地的经济组成模式。此外，嘉峪关三号墓的屯营图则反映了当时军营中营帐使用及配置的具体情况。魏晋时期，中央政权继续发展河西地区的屯守政策，曹魏政权便曾先后派徐邈为凉州刺史，仓慈、皇甫隆为敦煌太守，徐邈针对"河右少雨，常苦乏谷"的情况，"修武威、酒泉盐池以收虏谷，又广开水田，募贫民佃之"。[①]此时期，本地区的兵屯、民屯往往相杂而处，嘉峪关三号墓的兵屯图、屯营图[②]的出现便缘于此。

到公元 5 世纪，随着北魏道武帝拓跋珪定都平城，拓跋鲜卑的政治中心正式转入晋北地区，其生业形态也开始发生转变，即由游牧转为定居生活。道武帝实施了"计口授田""劝课农桑""离散诸部，分土定居"等一系列政策措施，使得北魏辖区内农业得到相当发展，成为北魏的社会经济基础，社会生活形态也随之发生改变。《南齐书·魏虏传》载："什翼珪始都平城，犹逐水草，无城郭，木末始土著居处。佛狸破梁州、黄龙，徙其民居，大筑郭邑。"[③]由此可知，这一时期的平城开始营造建筑居室，虽然简陋，但初具规模，居住房屋的布局很可能亦是对其原本游牧民族居住形式的一种继承。

平城时期的帐篷形象于考古材料中的表现，除了继续在墓葬壁画场景中

---

① 《三国志》卷二七《徐邈传》，第 739—740 页。

② 甘肃省文物队、甘肃省博物馆、嘉峪关市文物管理所编：《嘉峪关壁画墓发掘报告》，第 68 页。

③ 《南齐书》卷五七《魏虏传》，第 984 页。

出现外，这一时期还开始新出现一种作为随葬品的陶质帐房模型器，应是鲜卑人在逐渐汉化的过程中所保留的其游牧民族文化一部分习俗的印证。雁北师院北魏墓陶帐房模型的出现，及其与大量陶俑、生活用具、家畜陶模型以及成套陶车模型共同随葬的情形，既有墓主人对其游牧居室形式保留纪念的内容，又从丧葬制度上显示出平城时期鲜卑族群不断汉化的程度。大同沙岭M7 壁画中毡帐与传统建筑的屋宇并存于鲜卑人日常生活中，为理解鲜卑族群与汉文化的交融发展进程提供线索。文化的影响往往是相互的，在鲜卑人不断汉化的同时，北魏时期部分北方汉族人也在不同程度的鲜卑化，大同城东的司马金龙墓与雁北师院宋绍祖墓便从考古材料上为认识这一时期汉人的鲜卑化提供了证据。上述两墓均为太和早期墓葬，墓主人均为长期接触鲜卑的汉人，其墓中各出土有一件鲜卑风格的暗纹灰陶罐，司马金龙墓中出土的陶质方帐房模型以及大量身着鲜卑服饰的陶俑群，也反映了当时平城汉人在日常生活层面上的胡化现象，并且已经对当时平城的葬俗产生了广泛影响。[1]因此，这一时期墓葬中的毡帐形象不仅有以壁画中写实生活题材的表现，还产生了随葬模型器这种抽象意义上的表现形式，虽然这种表现可能仅是墓主人对游牧民族居住文化的一种记忆，但所使用的表现方式却是此时期鲜卑族群汉化在丧葬形制上的一种反映。

关于鲜卑人使用帐篷的形制，《南齐书》中有过详细记载。齐武帝永明十年（北魏孝文帝太和十六年，492 年），南齐使臣萧琛、范云出使北魏，观看了祭天仪式，其中有专门对仪式中供宴饮休息的百子帐的记录，"（拓跋）宏西郊，即前祠天坛处也。宏与伪公卿从二十余骑戎服绕坛，宏一周，公卿七匝，谓之蹋坛。明日，复戎服登坛祠天，宏又绕三匝，公卿七匝，谓之绕天。以绳相交络，纽木枝枨，覆以青缯，形制平圆，下容百人坐，谓之为'伞'，一云'百子帐'也。于此下宴息。"[2]从这段记载中也可看出绳索交络、纽木枝枨、形制平圆等都是当时帐篷形制的最典型特点。不过，随着鲜卑政治

① 山西大学历史文化学院、山西省考古研究所、大同市博物馆编著：《大同南郊北魏墓群》，科学出版社 2006 年版，第 502 页。
② 《南齐书》卷五七《魏虏传》，第 991 页。

中心的南移，其毡帐在使用方式上已发生改变，表现为制作毡帐的覆盖材料由毛毡改作了青缯，而适用范围也由日常生活居室转变成为"宴息"场所。随着北魏孝文帝迁都洛阳，北魏鲜卑贵族的汉化进一步发展，其鲜卑民族原有的游牧生活模式亦逐渐放弃，最终完全融入到汉文化中，但代表了其民族传统居室文化记忆与传承的"青缯帐"即百子帐却得到了保留。发展到唐代，这种作为鲜卑遗风的百子帐流行于社会各个阶层中，尤其以婚礼仪式之中最为盛行。唐人封演、宋人程大昌对此都有过详细记载①。《唐会要》也载有"建中元年（780）十一月二日，礼仪使颜真卿等奏……相见行礼，近代设以毡帐，择地而置，此乃元魏穹庐之制，合于堂室中置帐，请准礼施行。"②《通典》中对颜真卿的上述奏议也有记录，称"近代设以毡帐，择地而置，此乃虏礼穹庐之制"。③因此，百子帐从北朝发展至唐，由宴会使用到婚礼习俗，其帐衣材料由毡到布，再由布转变回毡的过程，均显示了圆形帐篷进入中原之后的一种演变过程。

总之，魏晋时期至北朝前期，随着北魏统治中心迁入洛阳，毡帐开始在黄河流域较多出现，文献中的相关记载亦开始增多，甚至在南朝宫廷中也偶有见证，后因统治者生业模式的完全改变而被放弃。而作为其改进形式的"百子帐"，则盛行于北朝至唐的婚礼及盛大庆典场合。鲜卑文化随着其统治集团的汉化进程而最终融入到汉文化中，鲜卑对圆形帐篷在中国北方地区的影响力也因其统治实力的不断衰弱而逐渐减弱并慢慢退出历史舞台。6世纪中期，突厥兴起，突厥文化开始盛行，丝绸之路复通并繁荣发展，圆形帐篷开始普遍出现于以黄河流域为中心的北方地区。

## （二）突厥与圆形帐篷系统

考古材料和文献记载皆显示，从公元6世纪后半叶即北朝后期开始，帐

---

① （唐）封演撰，赵贞信校注：《封氏闻见记校注》卷五《花烛》，中华书局2005年版，第43—44页；（宋）程大昌：《演繁露》卷一三"百子帐"条，载《景印文渊阁四库全书》第852册，第181页。

② （宋）王溥：《唐会要》卷八三《嫁娶》，中华书局1998年版，第1530页。

③ 《通典》卷五八《礼十八·沿革十八·嘉礼三》，第1654页。

篷在中原地区的传播与突厥民族及其文化的进入中原存在密切关系。一方面，这一时期，粟特人石质葬具浮雕图像中开始出现各类型帐篷，公元 7 世纪末叶河南巩义北窑湾唐墓随葬陶质帐形器，均印证了伴随着突厥民族的兴起，突厥文化传入中原，其居室文化代表毡帐在黄河流域广泛流传。另一方面，与胡人商队关系密切的载帐架骆驼俑亦于北朝后期开始出现，可能也与这一时期突厥兴盛及其在东西方贸易间的重要地位等因素有所关联。

突厥帐又称毡舍或穹庐，是游牧人起居之所，属于欧亚草原传统圆形毡帐系统。这种仿自天幕的毡房构成了突厥时代漠北独特的人文景观[1]，"其俗畜牧为事，随逐水草，不恒厥处。穹庐毡帐，被发左衽，食肉饮酪"[2]。《北史》卷九九《突厥传》载"其俗：被发左衽，穹庐毡帐，随逐水草迁徙"[3]，《谈薮》中也言及突厥人"肉为酪，冰为浆，穹庐为帐毡为墙"[4]。

突厥原是铁勒（或丁零）的一支，最初在叶尼塞河上游游牧，5 世纪中期以后辗转至金山（阿尔泰山）南、高昌北山（博格达山）一带，臣属柔然，为其"锻奴"；6 世纪中叶，阿史那土门为首领时，攻灭柔然，尽有其地。6 世纪后期，突厥正式分裂为东西两汗国，西突厥崛起后开始在丝绸国际贸易中夺利，从而将其长期盘踞的中亚北部地区摆到了东西贸易的重要位置之上。[5] 西突厥的强大使其"具有各方面的文化联系，在一定程度上是远东文化和东亚各国文化的媒介"[6]，而居于大漠南北的东突厥则与中国关系更为密切。隋末战乱，东突厥几乎完全控制了东北亚地区，势力盛极一时，杜佑对隋末唐初东突厥的状况有过下述描述："此后隋乱，中国人归之者甚众，又更强盛，势陵中夏。迎萧皇后，置于定襄。薛举、窦建德、王充、刘武周、梁师都、李轨、高开道之徒，虽僭尊号，北面称臣，受其可汗之号。东自契丹，

①　蔡鸿生：《唐代九姓胡与突厥文化》，第 192—193 页。

②　《隋书》卷八〇《北狄传》，第 1864 页。

③　《北史》卷九九《突厥传》，第 3287 页。

④　（宋）李昉等编：《太平广记》卷一七三，第 1282 页。

⑤　纪宗安：《9 世纪前的中亚北部与中西交通》，中华书局 2008 年版，第 156—157 页。

⑥　[俄]B.B.巴托尔德：《中亚突厥十二讲》，罗致平译，中国社会科学出版社 1984 年版，第 8 页。

西尽吐谷浑、高昌诸国，皆臣之。控弦百万，戎狄之盛，近代未之有也。"①东突厥的影响在唐的统一过程中几乎处处可见，唐朝在北方取得的每一个胜利，都直接或间接地与突厥有关，或者是得到突厥支持的结果，或者是与突厥妥协的产物。②因此，突厥文化对于隋唐时期的中国北方地区具有重要影响，其居室文化在中原地区的兴盛便在情理之中。

早在北朝后期，突厥人就已经大批入居北周及北齐境内，在北周享受优厚待遇的突厥人"常以千数"。随着突厥与内地政权交往的开展，突厥以"穹庐毡帐"为特点的居室文化对中原农耕地区产生了相当影响。③结合考古材料，出土于公元 6 世纪后半叶的粟特人石质葬具浮雕图像中的突厥式毡帐和商旅出行图、宴饮图等内容表现形式，参考载帐架驼俑作为随葬品开始在墓葬中出现，不难发现这个时期的突厥式毡帐形象多与商队出行相关。另外，此时期与中原统治阶级有关的使用毡帐的记载也逐渐增多。隋大业三年（607），隋炀帝北巡突厥，"欲夸戎狄，令恺为大帐，其下坐数千人。帝大悦，赐物千段"④。唐贞观四年（630）四月突厥颉利可汗被唐军俘虏，东突厥亡。其后，又有大批突厥人入居内地。突厥人大批南下，其生活习俗包括居室文化带入并开始盛行于中原地区。最典型的例证便是前文所提及的唐太宗长子李承乾在皇宫里搭设毡帐的记载。文献中对于唐代日常生活中使用毡帐的记录也开始频繁出现。吴玉贵先生便有专文从白居易的毡帐诗中着手对唐时日常生活中的毡帐例证进行论证⑤。白居易的毡帐诗有十余首，如《别毡帐火炉》《夜招晦叔》《雪夜对酒招客》《青毡帐二十韵》等，其中以《青毡帐二十韵》

① 《通典》卷一九七《边防十三·北狄四》，中华书局 1988 年版，第 5407 页。
② 吴玉贵：《唐朝初年与东突厥关系史考》，载《中亚学刊》第 5 辑，中华书局 1996 年版，第 74—126 页。
③ 吴玉贵：《白居易"毡帐诗"所见唐代胡风》，见荣新江主编《唐研究》第五卷，第 401—420 页。
④ 《隋书》卷六八《宇文恺传》，第 1588 页。参见《资治通鉴》卷一八〇《隋纪四》第 5632 页。
⑤ 吴玉贵：《白居易"毡帐诗"所见唐代胡风》，见荣新江主编《唐研究》第五卷，第 401—420 页。

最为著名，宋人程大昌曾对其专文考证①。崔致远亦对青毡帐有过描述，"右伏蒙恩私，特赐惠赍，委之专介，卫以壮夫，遥陟危途，得张官舍。不假栋梁交构，能令户牖全开。出观则一朵莲峰，入玩则千重锦浪。加以顶标晓日，额展晨霞，静吟而筇滔摇风，俯视而地衣铺雪，舒卷皆成其壮观，行藏永佩于深仁，莫不炫沙漠之奇模，骇江淮之众听。"②戎昱的《听杜山人弹胡笳》③中有"更闻出塞入塞声，穹庐毡帐难为情。胡天雨雪四时下，五月不曾芳草生"的描写，刘商也有"狐襟貉袖腥复膻，昼披行兮夜披卧。毡帐时移无定居，日月长兮不可过"④的诗句。《大慈恩寺三藏法师传》中也提及玄奘法师途经高昌在"大帐"中讲经的情形，其"帐可坐三百余人"，应与玄奘法师所见西突厥叶护可汗的"大帐"规模相当。⑤唐释慧琳在《一切经音义》中解释穹庐为"戎蕃之人以毡为庐帐，其顶高圆，形如天象穹窿高大，故号穹庐。王及首领所居之者，可容百人，诸余庶品即全家共处一庐，行即驮负去。毡，帐也"。⑥此种大帐的结构、样式，从 Miho 美术馆石棺床围屏浮雕图像宴饮场景中内部立柱的华丽穹庐顶大帐或可一窥究竟。

　　阴山岩画中也有一些关于古突厥毡帐的信息，为我们理解突厥系毡帐的形制提供了重要例证。乌拉特后旗布尔很哈达山巅绘有突厥人的穹庐毡帐岩画（图 3-1），其形制比今天的蒙古包高很多，顶部设有天窗，一面设门，其外部用木棍混搭呈方格纹样，另外用粗绳横栏两道，使木棍权成的方格分为三组，门口高而狭，便于出入。⑦敦煌莫高窟第 360 窟弥勒经变嫁娶图中

① （宋）程大昌：《演繁露》卷一三"百子帐"条，载《景印文渊阁四库全书》第 852 册，第 181 页。

② （唐）崔致远：《桂苑笔耕集》卷一〇《幽州李可举大王一首》，载《丛书集成初编》第 2 册，第 88 页。

③ （唐）戎昱：《听杜山人弹胡笳》，载《全唐诗》卷二七〇，第 3011 页。

④ （唐）刘商：《胡笳十八拍》第五拍，载《全唐诗》卷二三，第 301 页。

⑤ （唐）慧立、彦悰著，孙毓棠、谢方点校：《大慈恩寺三藏法师传》，中华书局 2000 年版，第 21、28 页。

⑥ （唐）释慧琳撰，徐时仪校注：《一切经音义：三种校本合刊》慧琳音义卷第八十二，上海古籍出版社 2008 年版，第 1949 页。

⑦ 盖山林：《阴山岩画》，第 177 页，第 700 图。

也可以看到唐时穹庐帐形象[1]，白色的圆形穹顶内可以看到交叉的木构骨架即围壁，帐顶有天窗并加毡帘，帐内底边铺有圆形毡毯。

图 3-1　阴山岩画中的穹庐毡帐[2]

　　将考古材料、石窟寺壁画材料及岩画材料与文献记载比对来看，可见突厥人所使用的圆形毡帐虽然形制均为圆顶穹庐帐，但仍可能还存在至少两种具体形制上的区分：一种为形制较小、适合商队携带的小型穹庐状帐篷，该类型帐篷形体较为瘦高，周壁竖直或微向外弧，如安伽墓石屏围榻左侧屏风第 3 幅野宴图中的毡帐形象[3]、Miho 美术馆粟特石屏风 C 板上部的毡帐形象[4] 等；另一种则为形制较大的大帐，其内有木构支柱，见于 Miho 美术馆粟特石屏风正面第 2 幅宴饮场景中的圆形华丽大帐形象[5]，上文所提玄奘法师所见西突厥叶护可汗之"大帐"、高昌讲经时所使用之帐等均应属于此种类型，其中以第一种形制的圆形毡帐在唐代中国北方地区传播较广，使用较多。

①　段文杰主编：《中国敦煌壁画全集 7（敦煌中唐）》，第 151 页。

②　盖山林：《阴山岩画》，第 177 页，第 700 图。

③　陕西省考古研究所编著：《西安北周安伽墓》，文物出版社 2003 年版，第 23—24 页。

④　荣新江：《Miho 美术馆粟特石棺床屏风的图像及其组合》，载《艺术史研究》第 4 辑，第 212 页。

⑤　荣新江：《Miho 美术馆粟特石棺床屏风的图像及其组合》，载《艺术史研究》第 4 辑，第 204 页。

### （三）吐蕃与圆形帐篷系统

公元 7 世纪，开始兴起于我国青藏高原的吐蕃政权，因其特殊的地理环境，具有一定的独立发展特征。青海郭里木夏塔图墓地出土的彩绘棺板画上的毡帐形象是目前考古材料中仅有的反映青藏高原吐蕃时期毡帐形制的实例。棺板画中的毡帐形制比较特别，表现为顶部突起开喇叭形气孔的圆形毡帐。从其顶部突起结构和整体形态观察，与山西大同沙岭北魏壁画墓中的毡帐形象应属于同一系统，即前文所列 B 型圆帐篷系统，但究其细节，仍可看到两者在顶部结构处存在一定差异。这种差异的产生，或许与其所属族群、文化渊源等因素相关。

吐蕃，是公元 7 世纪兴起于我国西南边疆青藏高原上的一个强大民族，唐代汉文史书称其为吐蕃，而吐蕃自称为"Bod（蕃）"[1]。《旧唐书·吐蕃传》载吐蕃"其国都城号为逻些城，屋皆平头，高者至数十尺。贵人处于大毡帐，名为拂庐"[2]；《新唐书·吐蕃传》亦对吐蕃"拂庐"有所记载，"……有城郭庐舍不肯处，连毳帐以居，号大拂庐，容数百人，其卫甚严，而牙其隙，部人处小拂庐"[3]。由此可知，吐蕃的居室称为"拂庐"，夏塔图墓地所出棺板画中的毡帐也应为"拂庐"，而拂庐本身因形制大小还存在等级区分。此外，夏塔图墓地 A 板中两拂庐毡帐前后相连则与"连毳帐以居"相印证，从棺板画中我们观察到所有宴饮场景均是以拂庐毡帐为中心展开的。《新唐书·吐蕃传》中有对唐穆宗长庆二年（822）唐蕃会盟使者刘元鼎所见吐蕃赞普大帐及会盟情形的描述："藏河之北川，赞普之夏牙也。周以枪累，率十步植百长槊，中剺大帜为三门，相距皆百余步。甲士持门……中有高台，环以宝楯，赞普坐帐中，以黄金饰以蛟螭虎豹，身披素褐，结朝霞冒首，佩金镂剑……唐使者始至，给事中论悉答热来议盟，大享于牙右，饭举酒行，与华制略等。"[4]

---

①　霍巍：《吐蕃考古与吐蕃文明》，《西藏大学学报》（社会科学版）2009 年第 1 期。

②　《旧唐书》卷一九六上《吐蕃传上》，第 5220 页。

③　《新唐书》卷二一六上《吐蕃传上》，第 6072 页。

④　《新唐书》卷二一六下《吐蕃传下》，第 6103 页。

对于青海郭里木吐蕃彩绘棺板画，有学者注意到它与鲜卑人在棺板装饰方面存在相同因素，推测其使用者与鲜卑人在族属上可能存在联系①。青海湖一带本是吐谷浑人故地。吐谷浑原系辽东慕容鲜卑，属东胡的一支，因后迁至今辽东，故也被称为"辽东鲜卑"。《隋书》卷八三《西域·吐谷浑》载吐谷浑"本辽西鲜卑徒何涉归子也"②。晋太康四年（283）从辽东牵至阴山附近，公元 4 世纪初西渡洮水，于群羌之地建国。公元 663 年吐蕃灭吐谷浑。其后，一部分吐谷浑人留居故地而成为吐蕃属国。吐蕃所面对的吐谷浑虽然是鲜卑与当地羌、氐、汉、匈奴、西域胡、高车等各族群共居而形成的新的民族体，然而辽东慕容鲜卑族群的主导地位并未改变，葬俗与鲜卑旧制亦多有承袭③，"皆殡埋"，"丧有服制，葬讫而除"④。

虽然目前在西藏境内尚未发现与毡帐形象相关的考古材料，然而从有关文献记载中仍可对吐蕃毡帐进行一定梳理。《汉藏史集》中记载："据说五赞王的陵墓建在琼隆额拉塘，陵墓为土堆，状如帐篷，没有装饰，也不是四方形。"⑤《雅隆尊者教法史》载"自赞字五王之后，陵墓建于农区，农区名穷隆阿拉塘。赞字五王之坟堆，宛如牛毛帐篷，既无殉葬之物，墓地又不知筑成方形。"⑥对于赞字五王之后王墓形制的记载则见《贤者喜宴》所记"'五赞'（btsam-lnga）以下，其墓建于青域（vphying-yul），'五赞'之墓，其坟堆犹如帐幕"⑦。《西藏王统记》也记录有"王墓建于本乡土，青隆达塘为地名，土堆宛如牛毛帐。"⑧从这些记录中可知，在吐蕃早期流行圆形

---

① 仝涛：《木棺装饰传统——中世纪早期鲜卑文化的一个要素》，载《藏学学刊》第 3 辑，第 165—170 页。

② 《隋书》卷八三《西域·吐谷浑》，第 1842 页。

③ 白翠琴：《魏晋南北朝民族史》，四川民族出版社 1996 年版，第 98 页。

④ 《旧唐书》卷一九八《西戎传》，第 5297 页。

⑤ （元）达仓宗巴·班觉桑布著，陈庆英译：《汉藏史集》，西藏人民出版社 1986 年版，第 86—87 页。

⑥ （明）释迦仁钦德著，汤池安译：《雅隆尊者教法史》，西藏人民出版社 1989 年版，第 33 页。

⑦ （明）巴卧·祖拉陈瓦著，黄颢、周润年译注：《贤者喜宴·吐蕃史》，青海人民出版社 2016 年版，第 25 页。

⑧ （元）萨迦·索南坚赞著，刘立千译注：《西藏王统记》，民族出版社 2000 年版，第 37 页。

墓葬，方形墓葬兴建要到吐蕃后期方开始出现，最早的记载为松赞干布的父亲囊日松赞的王墓，"建四方形陵墓亦始于此时，其墓列于墀年松赞陵墓之右，并广陈供物，墓形堆四方状，其名为贡日索嘎（gung-ri-sogs-ka）"①。对于雅鲁藏布江中游昂仁地区考古调查发掘的以圆形坟丘为特征的昂仁古墓葬，则可能与藏文古籍中记载的这些帐篷式的圆丘型封土墓存在着一定的联系。② 这种如"牛毛帐篷"的圆形土丘墓或许正是探究青藏高原游牧民族早期居室类型的一些线索。

此外，吐蕃时期西藏本土还流行一种穹窿顶式洞室墓，这种形制的墓葬结构一般由竖井式墓道和墓室两部分组成，墓室是在墓圹内沿四壁用石板向上叠砌起拱，形成向上隆起的穹窿顶式墓室，并且这类型墓葬的窿顶式墓顶中央又往往会留有一小圆孔，其上再盖以石板。③ 如山南朗县列山墓地 M27 墓室的穹窿顶中央留有一直径 5 厘米的小孔，孔上盖有一块小石板；④ 山南加查县邦达墓地 M2 墓室的四角攒尖式顶部中央也留有一直径为 10 厘米的圆孔，其上盖压石板。⑤ 墓葬往往是当时社会生活习俗的最直接反映，这种于穹窿顶中央留有圆孔再盖压石板的墓室结构，似乎为我们认识高原传统居室形式提供了一些线索。

基于以上认识，再次审视郭里木棺板画中的这种顶部中央设有喇叭形气孔的毡帐形制，结合帐篷类型分析，就基本形制而言，郭里木吐蕃棺板画中的毡帐形象与山西大同沙岭北魏壁画墓墓室南壁宴饮场景中的毡帐形象大体相同，皆为顶部向上突起的圆形型式，同属于 B 型圆帐篷范畴，然而观察细节却发现二者之间存在一定差异，即沙岭北魏壁画墓壁画所见毡帐向上突起的顶部为可以开启的天窗形态，郭里木吐蕃棺板画中毡帐突起的顶部则为喇叭状气孔形式。沙岭壁画墓的墓主人为葬于太延元年（435）的鲜卑人，身

---

① （明）巴卧·祖拉陈瓦著，黄颢、周润年译注：《贤者喜宴·吐蕃史》，第 28 页。

② 霍巍：《西藏古代墓葬制度史》，四川人民出版社 1995 年版，第 80—81 页。

③ 霍巍：《西藏古代墓葬制度史》，第 100—103 页。

④ 索朗旺堆、侯石柱：《西藏朗县列山墓地的调查和试掘》，《文物》1985 年第 9 期。

⑤ 西藏自治区文管会文物普查队：《西藏山南加查、曲松两县古墓葬调查清理简报》，载《南方民族考古》第 5 辑，四川科学技术出版社 1993 年版，第 359—371 页。

份是侍中尚书主客平西大将军破多罗的母亲，使用的葬具亦是北魏平城时期常见的彩绘漆棺。[①] 考虑到沙岭壁画墓的年代远早于郭里木吐蕃棺板，而郭里木棺板画使用者与吐谷浑及吐蕃的渊源[②]，棺板画中的这种于穹窿帐顶部中央开设气孔的毡帐形制，很可能系吐谷浑部族作为鲜卑系传承所保留的居室传统与来自西藏本土居室文化相结合而出现的一种地方类型。

　　西藏传统居室文化所带来的影响，或许可以在西藏地区已发现的岩画中找到一些佐证。加林山岩画中有 4 个表示圆形帐篷的图像，圆形帐体表现有栅栏状围壁，根据李永宪教授对高原岩画不同发展阶段的划分[③]，推断此地点岩画时代较早，表现的应该是高原早期居住形式的传统样式[④]（图 3-2，1）；西藏纳木湖扎西岛地点的岩画则是时代较晚的岩画地点，该地点发现有描绘人们生活起居的内容，帐篷形制为顶部呈喇叭状，围壁有窗，帐篷内外各绘有 1 个头戴特殊形状帽子的人物（图 3-2，2），同时该地点还发现有竖写的汉文题记。[⑤]纳木湖扎西岛岩画中帐篷形象与郭里木吐蕃棺板画中的毡帐形式略有相似，岩画表现的内容与当地传统生活样式有所不同。或许，通过西藏岩画不同阶段中帐篷形式的变化，能够为我们理解文化交往对于居室传统的影响提供一些思考，一定程度上也印证着我们对于郭里木棺板画中帐篷类型的推测。

---

① 大同市考古研究所：《山西大同沙岭北魏壁画墓发掘简报》，《文物》2006 年第 10 期。
② 研究者关于郭里木棺板画主人的族属问题仍然存在争论，以吐谷浑族的观点为多，主要依据是此区域时属吐谷浑领地，而全涛则通过郭里木棺板画与鲜卑族木棺装饰传统的联系为其主人为吐谷浑族的观点提供了有力论证。
③ 李永宪：《西藏原始艺术》，河北教育出版社 2000 年版，第 184—187 页。李永宪教授将西藏岩画艺术的形成与发展大体分为早、中、晚三个发展阶段，早期岩画大体相当于西藏青铜时代前期，多在山体崖壁与地面大石上作画，造型手法以敲琢法的"剪影式效果"为主；中期岩画大致相当于西藏青铜时代晚期至吐蕃王朝建立之前的"小邦部落时期"，主要是在崖壁上作画，大石岩画极为少见，造型手法从以敲琢法为主发展到以线刻法、磨刻法为主，并出现涂绘岩画；晚期岩画主要是佛教进入青藏高原之后的遗存，时代大约从 7 世纪至近代，以洞穴和崖阴作画为主，作画方法多见涂绘法中的线绘法、平涂法，同时也存在凿刻法中的线刻法、磨砺法，并仍有少量敲琢岩画。
④ 李永宪、霍巍：《西藏岩画艺术》，四川人民出版社 1994 年版，第 121 页。
⑤ 李永宪：《西藏原始艺术》，第 169 页。

**图 3-2 西藏岩画中的帐篷图像**①

1. 加林山岩画中的帐篷形象 2. 纳木湖扎西岛岩画人物和帐篷形象

　　总之，虽然目前仍未有直接考古材料为我们提供西藏本土居住形式的直接认知，但通过吐蕃后期王陵由圆形墓葬转变为方形墓葬所发生的变化，以及高原流行的带气孔的穹窿顶式洞室墓，结合郭里木棺板画中毡帐形象的特征，可以推测高原早期土著居室文化应该与欧亚草原流行的传统圆形帐篷系统既存在一定相似性且又有自身特色。随着吐蕃的扩张与发展，这种早期居住形式逐渐被一种外来的方形帐篷所取代，最终形成一种以"拂庐"（黑帐篷）为居住形式的高原帐篷类型并传承至今。郭里木吐蕃棺板画中的毡帐形象，则显然应是作为鲜卑后裔的吐谷浑部族居室传统受到来自西藏本土居室文化影响所产生的圆形帐篷系统中的一个新类型。

### （四）圆形帐篷系统的发展与演变

　　圆形帐篷即框架式帐篷是欧亚草原游牧民族的传统居住形式，也是我国北方游牧民族普遍流行的一种居住模式。对于穹庐毡帐的记载，最早见于《史记》对匈奴的记述，如"匈奴父子乃同穹庐而卧"②等。其后有关穹庐毡帐的记述渐多，《后汉书·西羌传》载，元初三年，汉军击零昌于北地，"烧

---

① 李永宪、霍巍：《西藏岩画艺术》，第 121 页；李永宪：《西藏原始艺术》，第 169 页。
② 《史记》卷一一〇《匈奴列传》，第 2900 页。

其穹庐"[1]；南北朝时的柔然"所居为穹庐毡帐"[2]；《北史·高车传》"穹庐前丛坐，饮宴终日"[3] 等记载，为我们提供了有关我国北方少数民族使用穹庐毡帐的情形。中国北方地区，各游牧民族之间不论战争对立抑或和平共处，民族间的交往必然对彼此的居室文化带来一定影响，从而共同构成了这种具有同一性的草原民族居室文化系统。

探其根源，或许可以在蒙古草原地区的岩画图像中找到一些端倪。巴丹吉林沙漠岩画中的帐幕岩画揭示了大约青铜时代或更早些时候本地土著人所使用帐幕的样式，为理解北方草原游牧民族圆形帐篷系统的发展提供了实物图像资料。巴丹吉林沙漠岩画中有多例"斜仁柱"式帐篷形象，整体形制类似窝棚或天幕状，是蒙古草原游牧民族的一种古老住宅形式，可能便是我国北方草原上蒙古族、哈萨克族、柯尔克孜族、塔吉克族等游牧民族所居住蒙古包的原型（图3-3，1、2、3）。[4] 而阴山地区乌拉特后旗布尔很哈达山巅的中古时期游牧民族所绘穹庐毡帐岩画，既为这种居住形式的演变过程提供了中间环节的图像材料，又为研究本时期的毡帐形象提供了直接的比照资料（图3-1）；[5] 乌海市桌子山召烧沟岩画中一排六个大小不等的帐篷形象也为草原游牧民族所居住的穹庐毡帐形制提供了佐证[6]（图3-3，4）。此外，这些岩画中还经常出现一种 ⊕ 的符号，这种圆形符号多与动物或人物共出，是对穹庐毡帐的一种符号化表现，应该可以看作是圆形毡帐系统的最简单而直接的表述方式。[7]

---

① 《后汉书》卷八七《西羌传》，第2890页。

② 《南齐书》卷五九《芮芮虏传》，第1023页。

③ 《北史》卷九八《高车传》，第3271页。

④ 盖山林：《巴丹吉林沙漠岩画》，北京图书馆出版社1998年版，第96—101页，图录第10、168、169、176、183、187、193、227、294、383等图。

⑤ 盖山林：《阴山岩画》，第177页，第700图。

⑥ 盖山林：《阴山岩画》，第397页，第1420图。

⑦ 盖山林：《巴丹吉林沙漠岩画》，第6、80、91等图；盖山林：《阴山岩画》，第677、828、875、908等图。

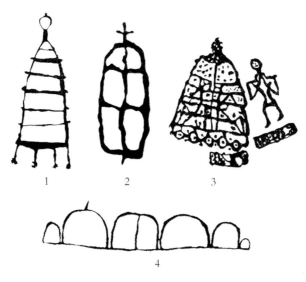

图 3-3　岩画中的帐篷形象 ①

1.2.3.巴丹吉林沙漠岩画　　4.桌子山召烧沟岩画

　　蒙古草原上的游牧民族传统居所形制——圆形框架式帐篷，在经过各民族长时间的交融互动阶段后，最终发展成为蒙古包。《蒙古秘史》中称蒙古包为"斡鲁格台儿"或"失勒帖速台格儿"，意思是有天窗的房子和有编壁的房子。在现代蒙古语中，"斡鲁格"专指蒙古包天窗的毡帘，"格尔"则泛指一切房屋，而编壁"失勒帖速"则为"哈那"一词所取代。对于蒙古包形制的记载，《黑鞑事略》中对元代蒙古游牧人的穹庐形式有这样的记录："穹庐有二样：燕京之制，用柳木为骨，正如南方罘罳，可以卷舒，面前开门，上如伞骨，顶开一窍，谓之天窗，皆以毡为衣，马上可载。草地之制，用柳木织成硬圈，径用毡挞定，不可卷舒，车上载行，水草尽则移，初无定日"②；《黑龙江外纪》中载"穹庐，国语（即满语）曰蒙古博，俗读博为包"③，即一般为圆形，多用条木结成网壁与伞形顶，上盖毛毡，用绳索勒住，顶中央

---

① 　盖山林：《巴丹吉林沙漠岩画》，图录第 10、168、169 图；盖山林：《阴山岩画》，第 397 页。

② 　（宋）彭大雅撰，徐霆编：《黑鞑事略》，清光绪二十九年（1903）江苏通州翰墨林编译印书局代印本，第 2 页。

③ 　（清）西清：《黑龙江外纪》卷六，清光绪年间刻本，第 11 页。

有圆形天窗，易拆装，便游牧；《多桑蒙古史》言："所居帐结枝为垣，形圆，高人齐。上有椽，其端以木环承之。外覆以毡，用马尾紧束之。门亦用毡，户向前。帐顶开天窗，以通气吹炊烟，灶在其中。全家皆处以狭居之内"[1]；《中国大百科全书》对蒙古包的定义为："平面多呈圆形，用木枝条编成可开可合的木栅做壁体的骨架，用时展开，搬运时合拢。用细木椽组成穹窿顶的木骨架，用牛皮绳绑扎骨架。用绳索束紧骨架外铺盖羊皮或毛毡。"从后世画家的一些画作中，我们也可以得到这种圆形毡帐传统的认知信息，如著名的文姬归汉图（图版十三）。"小型的毡帐直径为4—6米，内部无支撑，大型的则需在内部立2—4根柱子支撑。毡帐的地面铺有很厚的毡毯，顶上开天窗，地面的火塘、炉灶正对天窗"[2]。结合文献及实物观察可知，一般蒙古包的形制依然为可移动式，用木架和毛毡搭建而成的上圆锥形、下圆柱形结构，包内直径4—6米，总高3米左右；常用骆驼皮将木条连成易于拉叠合的菱形格，构成圆形围壁的骨架"哈那"，形成辐射状木杆结构的圆锥形顶；并用弓形十字连接成突起的"套脑"，形成天窗；在整个框架外围上毛毡，用毛绳捆扎（图3-4）。[3]天窗是排烟采光所需，夜间其上另覆盖毡毯以保暖，这种用于排烟采光的天窗，通常被视为"萨满"或"精灵"进出的通道[4]，如《多桑蒙古史》谈及居住穹庐中的畏吾儿萨满教师时曰："诸人皆言闻鬼由天窗入帐幕中与此辈珊蛮共话之事"[5]。地毯也是毡制，是穹庐毡帐中不可缺少之物，《西域番国志》记载："别失八里……不建城郭宫室，居无定向，惟顺天时，逐趁水草，牧牛马以度岁月，故所居随处设毡房，铺毡罽不避寒暑，坐卧于地"[6]。总之，欧亚草原流行至今的蒙古包的形成，应该是经历漫长

---

① ［瑞典］多桑著，冯承钧译：《多桑蒙古史》卷一，上海书店出版社2006年版，第28页。

② 中国大百科全书出版社编辑部编：《中国大百科全书：建筑·园林·城市规划》，第329页。

③ 葛承雍：《丝路商队驼载"穹庐"、"毡帐"辨析》，《中国历史文物》2009年第3期。

④ ［日］原山煌：《『元朝秘史』に見える『煙出し穴』に關するニつのモチーフ》，见江上波夫《江上波夫教授古稀纪念论集 民族·文化篇》，山川出版社1976年版，第345—365页。转引自马冬《青海夏塔图吐蕃王朝时期棺板画艺术研究》，四川大学博士后研究工作报告，2010年，第57页。

⑤ ［瑞典］多桑著，冯承钧译：《多桑蒙古史》卷一《附录》五"畏吾儿"条，第168页。

⑥ （明）陈诚著，周连宽校注：《西域行程记·西域番国志》，中华书局2000年版，第102页。

历史演变、族群交融的结果，从蒙古包的建造结构分析中，我们也可以从居室结构的角度得到有关草原游牧民族生业形态、经济发展等多方面的认知和理解。

1. 帐篷骨架

2. 帐篷顶圈

3. 帐篷的运输

4. 帐内设置

图 3-4　中东地区圆形毡帐（Central Asian Yurt）资料①

总之，考古材料所见圆形毡帐的分布集中于中国北方地区，其分布具有鲜明的时代特点和地域特征，与不同时期中国北方少数民族的发展关系密切。鲜卑、突厥等民族的南迁对圆形帐篷系统在中国北方地区的传播具有重要影响。此外，公元 4 至 10 世纪丝绸之路贸易的重新繁荣，也对这种文化交往与族群互动产生了促进作用。发展至唐代，对于毡帐的认识与喜爱已经深入

① Peter Alford Andrews，"The White House of Khurasan:The Felt Tents of the Iranian Yomut and Gökleñ"，*Iran* Vol.11，1973，pp.106-107. Peter Alford Andrews 详细论证了中亚类型帐篷（Central Asian Yurt）的搭建方式，该类型帐篷的墙体框架一般由一系列可活动的木构架交叉连接而构成，将框架竖立形成围壁从而构成其内部圆形空间，帐顶为圆形呈车辐状，再以一系列弯曲有韧性的木条链接帐顶与围壁。这种结构便于拆卸和组装，在需要迁徙的时候，可将帐篷拆卸，把围壁架子拆开折叠收起后，置于骆驼双峰两侧。

当时社会的各个阶层而成为社会风尚，这一点从此时期墓葬随葬中的载帐架
驼俑的演变发展亦可得到印证。

# 二、方形帐篷系统

目前的考古材料所见方形帐篷的例证较少，仅见山西大同雁北师院二号
墓（M2）和北魏司马金龙墓所出陶质方形帐房模型4例，西安北周安伽墓
石质葬具浮雕图像中见方形帐篷2例，太原虞弘墓石椁葬具见方形大帐1例，
其形制为顶部中间高，两面低，呈两坡面状斜下，平面呈方形或长方形。虽
然这7例方形帐篷形象的整体结构都呈方形，但通过仔细考察其形制和结构，
应属于不同体系，存在各自的发展渊源。

## （一）平城特色方帐篷

山西大同雁北师院二号墓（M2）和司马金龙墓共出土5件陶质帐房模型，
其中方形帐房4件，形制基本相同（图3-5）。

雁北师院M2[①]出土方形帐房2件（标本M2：72、73），形制相同。帐
房呈长方体，向上逐渐收拢，顶部收至两坡面，其上盖毡毯，顶部中间有
天窗2个，正壁边缘全部用红色彩绘，中下部开门，门的底边和两侧边用
红色彩绘，门楣向前突出且宽于门框，其上有彩绘红色门簪3个。门楣上有
一红色彩绘线，其上部有红色图案。门两侧各有一个长方形窗户，里涂黑
色，外用红线涂框。帐房两侧各有一个长方形窗户，里涂黑色，外用红线
涂框。后壁浮塑一条绳索，一端为分叉固定状，另一端穿过一圆环直通天
窗，表示这条绳索的松紧可调节，应是用于控制天窗的开启闭合。司马金龙

---

① 大同市考古研究所、刘俊喜主编：《大同雁北师院北魏墓群》，第66—68页，图版38—
42。

墓①出土方形帐房 2 件，形制相同，釉色不同，一件为酱褐色，另一件为绿色。帐房均为底部平面呈方形，四壁略外鼓，至顶部逐步收拢，后壁在顶时稍收并隆起，与前壁相接。帐房前顶部开有两个长方形天窗。前壁开长方形门，门楣突出比门口略宽。酱褐色釉帐房的帐身周壁隐约可见白色彩绘窗。

此 4 件陶质方形帐房模型，属于 A 型方帐篷，虽然平面形制为方形或长方形，但观察其整体构架以及顶部天窗的设置、毛毡的固定方式等，可以看到，帐房皆为正面开门，门两侧绘窗，顶部开两个方形天窗并由后壁依附的绳索控制开合，显示此类帐房的框架墙体与毡顶能够分离、彼此独立的结构特点，与以篷顶和内壁相对独立、外覆毛毡的框架式圆形帐篷的结构特点更为相似。

此类帐房模型仅发现于公元 5 世纪北魏定都平城时期的平城地区即今山西大同地区的墓葬中，与之共出的还有圆形帐房模型。雁北师院北魏墓 M2 中同出一件圆形帐房陶模型。该帐房模型底部呈圆形，正中开门，门楣上有红彩门簪，顶部呈半球形，并塑造出用毡或其他织物覆盖在伞形支架上的形象，表现的正是典型圆形帐篷的形象。此外，同时期该地区其他墓葬中，也见有圆形帐篷形象，如大同沙岭北魏墓 M7②墓室南壁壁画的西部场景第四行和第五行绘有 5 顶圆形毡帐，均为顶部向上突起，似为可开启状，形制较大，画面描绘了与煮食相关的劳动场景。

---

① 王雁卿：《北魏司马金龙墓出土的釉陶毡帐模型》，《中国国家博物馆馆刊》2012 年第 4 期；山西省大同市博物馆、山西省文物工作委员会：《山西大同石家寨北魏司马金龙墓》，《文物》1972 年第 3 期。

② 大同市考古研究所：《山西大同沙岭北魏壁画墓发掘简报》，《文物》2006 年第 10 期。

**图 3-5　陶质帐房模型** [1]

1. 大同雁北师院北魏墓陶帐房（M2:86）　2. 大同雁北师院北魏墓陶帐房（M2:73）　3. 大同雁北师院北魏墓陶帐房(M2:73)背面　4. 大同雁北师院北魏墓陶帐房(M2:73)顶部　5. 司马金龙墓陶帐房正面　6. 司马金龙墓陶帐房侧面　7. 司马金龙墓陶帐房背面　8. 司马金龙墓陶帐房底面

　　鲜卑是起源于北方森林草原的游牧民族，"俗善骑射，随水草放牧，居无常处，以穹庐（帐篷）为宅，皆东向"[2]。公元 5 世纪，北魏道武帝拓跋珪迁都平城（今山西大同地区），拓跋鲜卑的政治中心转移至晋北地区。随着一系列政治、经济政策的实施，其境内农业得到相当发展，主要生业模式由游牧转为定居，其居住模式也随之发生变化。《南齐书·魏虏传》载："什翼珪始都平城，犹逐水草，无城郭，木末始土著居处。佛狸破梁州、黄龙，徙其民居，大筑郭邑。"[3] 伴随着政治、经济与社会的转变，公元 5 世纪的平城是鲜卑族与汉民族加速交融的重要舞台。体现在丧葬制度上，陶质毡帐模型与大量陶俑、生活用具模型、家畜模型和成套陶车模型等经常共同随葬于墓中。不论是鲜卑人的墓葬还是汉族贵族墓葬中，帐房模型与大量釉

---

① 　参见图 1-1、图 1-2、图 1-4。

② 　《三国志》卷三〇《乌丸鲜卑东夷传》，注引《魏书》，第 832 页。

③ 　《南齐书》卷五七《魏虏传》，第 984 页。

陶俑群共处，司马金龙墓中更是使用整套的仪仗俑群方阵共同随葬。大同沙岭 M7 的壁画中，墓主人汉式屋宇宴饮与穹庐毡帐煮食等劳动场景并存，皆为我们展示了平城时期鲜卑族与汉民族文化交融的社会图景。

　　与陶质帐房模型同时出现的还有一种车盖呈椭圆形、顶部隆起的陶质鳖甲车模型。此类型车辆除了雁北师院 M2 中与帐房陶模型共同随葬外，宋绍祖墓中还出土有整套车辆模型（图 3-6）。① 此类鳖甲车在整套车舆模型中处于主车地位。这种形制的车辆非常具有时代特色，目前仅被发现于北魏定都平城时期的墓葬中。鲜卑是来自北方草原的游牧民族，本无车舆之制，魏武帝定都平城后方草创之。因此，观察此车形制，尤其这种椭圆形顶部隆起的车厢结构，结合其所处车队中的主车地位，此种鳖甲车很有可能是北魏定都平城时期出现的一种新车型，是鲜卑统治者结合自身民族传统居室穹庐毡帐特点，同时参照汉民族带来的车舆制度而创造的"多违旧章"② 的一类新型车辆，亦属于北魏政权建立到稳定过程中政治发展、民族交融的产物。

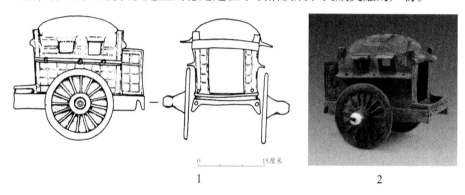

**图 3-6　雁北师院北魏宋绍祖墓出土鳖甲陶车模型** ③

1.鳖甲车（M5：48）线描图　2.鳖甲车（M5：48）彩图

结合考古材料可见，帐篷形象最早出现于河西地区魏晋时期的画像砖墓

---

① 　大同市考古研究所、刘俊喜主编：《大同雁北师院北魏墓群》，第 157—160、173—176 页，图版 95。

② 　《魏书》卷一〇八《礼志四》，第 2811 页。

③ 　大同市考古研究所、刘俊喜主编：《大同雁北师院北魏墓群》，第 160 页，图版 95。

中，除了军队屯戍的军事营帐设施，其余皆是北方游牧民族生活中常见使用的穹庐毡帐形象。[①]北魏定都平城之后，开始出现陶帐房模型，特别是出现了仅于平城时期才有的陶质帐房模型随葬于墓中。至北魏后期迁都洛阳之后，帐篷形象出现新的载体，开始较多出现于石棺床、石椁等粟特人石质葬具的浮雕装饰中，并出现黑帐篷式帐篷类型，不同帐篷类型的出现或消亡皆与其所处时代特征存在密切联系。

因此，再次综合考虑平城时期社会发展各方面因素，不难发现，陶质帐房模型的出现有其必然的历史条件。这种平城特色居住形式的出现，体现了鲜卑族群由随水草而居、常无定所的游牧生业形态逐渐转变为政权稳固的定居形态的社会生活。北魏政权初建，鲜卑统治者需要尽快改变其传统的游牧民族生业方式，改畜牧为定居，筑城以居，发展农业，适应定居生计带来的改变。汉族上层贵族成为鲜卑统治者最理想的合作伙伴，合作反映在物质文化上便是居住形式的转变、车舆制度的创立、丧葬文化的交融。平城模式的方帐房，既继承了鲜卑族传统穹庐毡帐框架式结构特点，又融合了鲜卑族对汉室房屋（方形）的理解。这种社会日常生活有关民族传统文化的改变，在沙岭壁画墓的壁画中也有所反映。大同沙岭壁画墓的毡帐形象所出现的位置是在一幅规模宏大、人数众多的宴饮场景的一隅，功能也只是用于炊煮食物相关的劳动场景，画面主题是居于汉室屋宇之中的墓主人所主持的宴饮场景。毡帐与汉式屋宇的功能不同，应该也印证了定都平城之后鲜卑族群由游牧转为定居、传统居室文化功能发生改变的社会情景。不论是平城模式的方帐房的出现，还是具有平城特点的车舆制度的创建，抑或是鲜卑族群居室形态功能的转变，都反映了当时社会在鲜卑统治阶层联合汉族传统氏族巩固政权的统治策略下，北魏早期的平城地区族群互动、文化交融的社会情景。

综合考虑 A 型方帐篷出现的社会背景与时代特征，以及与之同出现的圆形帐房模型表现的传统穹庐毡帐之特点，其实际是特定时代背景下的一种独

---

[①] 甘肃省文物考古研究所：《甘肃酒泉西沟村魏晋墓发掘报告》，《文物》1996 年第 7 期；甘肃省文物队、甘肃省博物馆、嘉峪关市文物管理所编：《嘉峪关壁画墓发掘报告》，第 68 页。

特帐篷形式，即平城特色方帐篷。该形式结合了典型圆形帐篷（蒙古包式或框架式帐篷）的结构与汉式房屋的外观样式（方形），即在鲜卑族传统穹庐居室的框架结构基础上，参照汉式方形房屋外观样式创造出的新的居住形式。此类帐房结构虽然平面为方形，但不论其框架式内部支撑还是外覆毛毡为篷、抑或是顶部设置天窗的建造方式，皆与鲜卑族传统居室形式一脉相承，属于圆形帐篷大系统中的一个类型。不论是墓主人因对于游牧居室文化一种遥远记忆而创造于随葬模型器所使用，还是真实存在于当时的社会生活中，这种新的帐篷形式的出现，始终反映了北魏初建政权于平城时不同文化交往互动的历史真实。

因此，平城模式方帐篷的出现有其鲜明的时代特征，是古代中国帐篷系统中一个极为重要的发展阶段。随着北魏孝文帝迁都洛阳，鲜卑上层进一步汉化，鲜卑民族的传统文化进一步与汉文化融合，这种平城帐房逐渐退出了历史舞台，但鲜卑人对于自己传统居室文化的喜爱却随着政权的南迁被推广至整个中原地区。

## （二）黑帐篷

北朝后期石质葬具的浮雕图案中出现的方形帐篷，皆属于 B 型方帐篷。虽然具体形象因描绘方式不同而存在差异，但根据其所呈现的结构，应该属于曾经广泛流行于西亚、中亚地区的典型方形帐篷（即黑帐篷）。根据民族志资料可知，此类型帐篷内部由数根木柱支撑，其上由具有一定张力的毛织品结合覆盖，四周利用绳索悬拉进行固定，帐篷的平面多为方形。与框架结构的圆形毡帐不同，黑帐篷的支撑柱与篷毡互为支撑，缺一不可。

发现此类帐篷的石质葬具浮雕图像中往往同时出现数量不等的圆形帐篷形象，如安伽墓围屏石榻 3 例[1]、西安北周凉州萨保史君墓石堂葬具 1 例[2]及日本 Miho 美术馆收藏的粟特石棺床葬具 2 例[3]。出现帐篷的场景均与商旅出

---

[1]　陕西省考古研究所编著：《西安北周安伽墓》，第 24、33、37 页。

[2]　西安市文物保护考古所：《西安北周凉州萨保史君墓发掘简报》，《文物》2005 年第 3 期。

[3]　荣新江：《Miho 美术馆粟特石棺床屏风的图像及其组合》，载《艺术史研究》第 4 辑，第 199—221 页。

行、郊外宴饮有关，而石质葬具浮雕中帐篷形象的出现，应与墓主人的身份关系密切。这种方形帐篷并非我国北方地区游牧民族所传统使用的居室形式，其原型应来自中东、中西亚地区，于北朝后期开始出现在黄河流域，与此时期欧亚游牧民族内迁、丝绸之路贸易繁荣、胡人商队入华等行为存在关联。

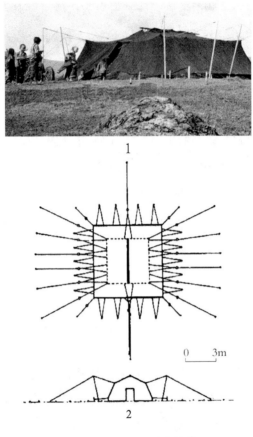

图 3-7　青藏高原黑帐篷 [①]

1.青藏高原黑帐篷　2.黑帐篷平面及剖面线图

---

① Angela Manderscheid, "The Black Tent in Its Easternmost Distribution: The Case of the Tibetan Plateau", *Mountain Research and Development*, Vol.21, 2001, pp.156 - 157. Angela Manderscheid 将青藏高原壤塘黑帐篷分为 sBra 类型和 rTse-sbra 类型，图片中黑帐篷为 Angela Manderscheid 1992 在阿坝藏族自治州壤塘（Dzam-tang）拍摄，属于 rTse-sbra 类型，由牦牛毡篷通过绳索与帐篷周围钉于地面的数根木柱悬拉进行固定。

中东、中亚地区主要有两种游牧帐篷传统，即中亚帐篷（Central Asian Yurt）和黑帐篷（Black Tent），后者是由一种用山羊毛编织而成，帐内立几根木柱支撑顶部，四周用绳索悬拉固定，有时还会在这种帐篷的两侧垒砌石墙予以支撑（图3-7）。由于材料的性能及结构特征，使得黑帐篷不仅适用于炎热气候，也适用于雨水天气。在干旱炎热的气候中，质地松弛的织物可以使得帐内空气流通；而在潮湿的气候里，山羊毛编织物则能够用来形成一层防雨表层。中东地区黑帐篷的使用也许可以追溯到史前时期，它也是中东地区早期历史时期那些复杂精致的皇家帐篷的原型。[①]

目前，考古材料所见与粟特人、中亚人有关的石质葬具，其墓葬的主人均为在华外国人，或是粟特人，或是中亚人。虞弘墓石椁图像中汉化因素最少，保留中亚因素最多，建筑都是毡帐，服饰、器具纯是中亚风情，这与其墓主人虞弘的身份有关。据墓志记载，虞弘为鱼国人，因其父入附柔然，他成为茹茹贵族子弟。自十三岁起，任茹茹国莫贺弗，出使波斯、吐谷浑等国，为官十几年，经历颇为复杂。从他来自西域鱼国，有资格"检校萨保府"，虞弘应是一个中亚人。[②]安伽墓石屏围榻浮雕图像中既有方形毡帐，又有圆顶帐篷，还有中国传统建筑的亭、桥、回廊，虽然这些表明了墓主人安伽本人汉化程度较高，但其中对方形帐篷的描绘则仍然显示出安伽对其祖居中亚的记忆。

除出现有帐篷形象的石质葬具，目前发现的其他在华西域人所使用的石质葬具还有康业墓石棺床[③]、安阳石棺床[④]、天水石棺床[⑤]等。依据石质葬具上的浮雕内容，可以将它们大体分为三类：第一类为中亚风格石质葬具，浮雕内容保留大量中亚因素，如黑帐篷以及人物的服饰，从用器到树木、枝蔓

---

① Roger Cribb, *Nomads in archaeology,* Cambridge: Cambridge University Press,1991, pp.85 - 86.

② 山西省考古研究所、太原市文物考古研究所、太原市晋源区文物旅游局编著：《太原隋虞弘墓》，第106—111页。

③ 西安市文物保护考古所：《西安北周康业墓发掘简报》，《文物》2008年第6期。

④ 姜伯勤：《安阳北齐石棺床画像石的图像考察与入华粟特人的祆教美术——兼论北齐画风的世变及其与粟特画派的关联》，载《艺术史研究》第1辑，中山大学出版社1999年版，第151—186页。

⑤ 天水市博物馆：《天水市发现隋唐屏风石棺床墓》，《考古》1992年第1期。

等皆展现出中亚风情。虞弘墓石椁便属于此类。第二类为中亚与汉式风格相结合的石质葬具，此类石质葬具浮雕内容中既保留有中亚因素，又新增加中原汉式风格内容，如安伽墓石榻浮雕中的建筑，既有毡帐，也有中式亭台、回廊和歇山顶建筑等；史君墓石椁图像中，穹窿顶建筑充满西域色彩，而其北壁宴饮图中的女子所着服装则为交领宽袖的中原样式；安阳石棺床浮雕中葡萄枝蔓、果实、树木等与虞弘墓相同，充满中亚风情，但同时图像中的亭台式建筑则为汉式木构建筑风格[①]。第三类为汉式风格石质葬具，这类石质葬具的浮雕图像中，建筑均为汉式亭台楼阁，人物服饰及器具等也均为汉式，图像中已基本不见西域因素，康业墓石棺床、天水石棺床便属于此类。

综合比较上述石质葬具上的浮雕图像，帐篷形象尤其是黑帐篷式方帐篷的出现与否，或可以作为判断当时在华西域人汉化程度的一项重要参考依据。由此可见，来自中亚的虞弘保留了较多的本民族特点，安伽、史君等人在一定程度上接受了中原文化，而身为康居国王后裔的康业则可能已被完全汉化。这些出现于粟特人石质葬具浮雕图像中的方形帐篷，虽然对于方形毡帐形象的表达，在图像表现方式上可能有所改变，但究其原型，仍应与中东地区黑帐篷的使用传统存在着一定联系。

关于此类黑帐篷在中国的传播，目前尚未找到更多的考古材料给予支持，但是借鉴民族志的记录，可知今天的青藏高原游牧民族所使用的毡帐便是一种称为"帐房"的方形帐篷，用黑牦牛毛织成，帐篷内立几根木柱支顶，四周用牦牛毛绳悬拉帐篷，使固定，平面呈方形。[②] 西藏地区所使用的这种方形帐篷与中亚系统中的"黑帐篷"形制相近，结合西藏本土居室文化的发展进行考察，可以确定使用方形毡帐的习俗应是一种外来居室文化的影响。Angela Manderscheid 对青藏高原的黑帐篷有专文研究，并指出这种与古波斯地区游牧民族帐篷类似的黑帐篷与青藏高原自然环境及生业方式相适应。[③]

---

① 姜伯勤：《中国祆教画像石的"语境"》，见荣新江等主编《中外关系史：新史料与新问题》，科学出版社 2003 年版，第 235 页。

② 中国大百科全书出版社编辑部编：《中国大百科全书：建筑·园林·城市规划》，第 330 页。

③ Angela Manderscheid, "The Black Tent in Its Easternmost Distribution: The Case of the Tibetan Plateau", *Mountain Research and Development*, Vol 21, 2001, pp. 154 - 160.

文献材料显示，青藏高原对这种方形帐篷的使用至迟在吐蕃时期开始出现，那当版《甘珠尔》目录卷引录的莲花生大师（Padma-byung-gnas）文告中曾有这样的描写，"在远至突厥过的温弩地方，吐蕃军队撑起了黑帐篷，护卫人民，那些人的国家被推翻，迁入'门（Mon）'的领土内。"[①]中亚"黑帐篷"传入西藏，应与吐蕃政权当时的战略措施有所关联。"吐蕃帝国横亘在唐和大食之间，实际上构成了一条大体上以葱岭为界的分界线：其西为中亚阿拉伯文明所控制，其东为唐和吐蕃所代表的东亚文明所控制"；"'安史之乱'后，吐蕃攻陷唐之西州，迫使唐朝势力退出西域，吐蕃取得天山以南部分地区"；这个时期的吐蕃"'东抗回鹘，西御大食'，使得中亚地区的政治格局形成暂时的相持局面，维系了我国西北边疆的地域完整性"。[②]

此外，青海吐蕃彩绘棺板画内容中有众多因素显示了此时期吐蕃与中亚之间的交往关系。棺板画图像中的驼队图中，骆驼满载货物，包裹下双峰两侧载有木排状帐架，其构图与前文所述中亚商人驼队中骆驼形象以及载帐架驼俑均有相似；宴饮图中具有粟特风格的"带把杯"[③]则显示了吐蕃系统带把杯对唐及粟特带把杯的借鉴和仿制特点[④]；棺板画中的马具形象也显示出其吐蕃系统特色。霍巍师结合芝加哥所藏两套吐蕃马具，分析指出吐蕃马具无论从革带的装配样式，还是金属制镳的装饰手法的表现上都与中亚马具相似，两者存在一定联系[⑤]；对于棺板画中宴饮、驼队、狩猎等图像的表现形式，也有学者曾将之与粟特人石棺葬具浮雕图像中相关内容进行比较，认为吐蕃棺板画在图像题材、构图特征等方面受到了中亚粟特人绘画的重要影响[⑥]。通过上述关于青海吐蕃棺板画图像中的中亚因素的详细分析，能够从考古材

① ［英］F.W. 托马斯著，刘忠、杨铭译注：《敦煌西域古藏文社会历史文献》，民族出版社2003年版，第248页。

② 霍巍：《吐蕃考古与吐蕃文明》，《西藏大学学报》（社会科学版）2009年第1期。

③ 齐东方：《唐代金银器研究》，中国社会科学出版社1999年版，第46—50、345—362页。

④ 霍巍：《吐蕃系统金银器研究》，《考古学报》2009年第1期。

⑤ 霍巍：《吐蕃马具与东西方文明的交流》，《考古》2009年第11期。

⑥ 许新国：《试论夏塔图吐蕃棺板画的源流》，《青海民族学院学报》（社会科学版）2007年第1期。

料中看到吐蕃与中亚之间所存在的文化交往、互动影响的关系。正如多杰才旦所指出的，"公元七世纪初，藏族具有远见卓识的伟大领袖松赞干布统一青藏高原各邦后，为了民族的进步和繁荣，实行向天下四方开放的政策，特别是吸收唐朝，以及西域、中亚、南亚等的先进文明，促进了藏民族的发展，这是历史上的一次重大转折"[1]。

另外，吐蕃与中亚之间道路畅通也为文化往来提供了必要条件。唐代的吐蕃与中亚之间伴随着粟特人的贸易行为而关系密切[2]，在与西藏西部毗邻的印度河上游中巴友谊公路巴基斯坦一侧的摩崖石刻中，便发现有粟特人的崖刻题记[3]。唐贞观年间，玄照法师去天竺求法的路线也为我们提供了吐蕃与中亚之间的交往线路，"途经速利，过覩货罗，远跨胡疆，到土蕃国。蒙文成公主送往北天。"[4]

随着吐蕃对西域的征服以及和中亚地区之间的交往渐盛，中东、中亚地区的居住文化很有可能随着彼此之间的往来而传入青藏高原，须知当唐王朝"安史之乱"后，吐蕃攻陷西域白州等18个羁縻州而迫使唐王朝势力退出西域，开始直接面对西方阿拉伯文明，因此，对来自西方的这种方形毡帐居室文化的吸收也将随之变得相对容易。吐蕃时期西藏地区与中东中亚间的交往应该是理解黑帐篷式方形帐篷传入吐蕃的一个途径，也是分析青藏高原居住文化可能存在的由具有本土特色圆形帐篷最终转变为外来黑帐篷并延续至今的一个重要视角。

墓葬是人类居室文化的延续，理解吐蕃居室文化的变化，从吐蕃时期西藏本土墓葬形制开始发生转变的角度来分析，或许亦是一条有意义的线索。吐蕃时期西藏本土墓葬形制开始发生转变，即由圆形坟丘向方形坟丘的转变、由牧区向农区的变动等，这些转变在某种程度上或许可以看作是吐蕃社会经济形态的变化在丧葬习俗方面的反映。但是，由于目前材料所限，对于为何

---

① 多杰才旦：《试述十七条协议的伟大历史意义》，《民族研究》1991年第4期。

② 霍巍：《粟特人与青海道》，《四川大学学报》（哲学社会科学版）2005年第2期。

③ 国家文物局教育处编：《佛教石窟概论·中亚佛教遗迹》，文物出版社2000年版，转引自霍巍《粟特人与青海道》，《四川大学学报》（哲学社会科学版）2005年第2期。

④ （唐）释义净撰，王邦维校注：《大唐西域求法高僧传校注》，中华书局1998年版，第10页。

藏族最终完全放弃其原有传统居住习俗而改用外来传入的黑帐篷，目前尚无法给予具体解释。

　　总之，青藏高原出现的这种黑帐篷式方形帐篷，无论在结构上还是制作方法上，均完全不同于前文所讲各游牧民族所使用的圆形毡帐，此类型帐篷于西藏本土的出现应该是东西方文化交流的产物。

# 本章小结

　　考古材料中所见的帐篷形象，为了解公元 4—10 世纪中国北方地区的族群互动与中外交流提供了一个新的视角。考古材料所见帐篷类型可以分为圆形帐篷和方形帐篷两大类，集中分布于中国北方地区，其分布与演进与不同时期游牧民族的发展密切相关。一方面，随着鲜卑、突厥等民族的南迁，圆形帐篷系统在中国北方地区的传播显示出明显的时代特征。另一方面作为蒙古包式帐篷体系一员的平城特色方形帐房陶模型的出现，反映了北魏早期鲜卑族与汉民族之间的逐渐融合；而北朝后期在华西域人石质葬具浮雕中方形帐篷（即黑帐篷）与圆形帐篷（即蒙古包式帐篷）以及相关的骆驼俑和描绘商队出行的壁画的出现，则从不同角度为我们展示了此时期伴随着丝绸之路复兴而繁荣发展的中西贸易盛况。

　　出现在墓葬中的与帐篷相关的浮雕、壁画、陶俑和其他随葬器物，有些或许反映了墓主人对本人或其先祖生活方式的记忆，更多的则反映了随着丝绸之路贸易不断发展而进入中原的外来风尚逐渐盛行的情景。伴随着帐篷这种游牧民族标志被中原地区人群的认识和接纳，"胡风"也最终发展成为流行于当时社会的一种风尚文化。

# 第四章　帐篷与中古社会生活

在游牧社会中，"帐"通常是称呼家庭的数量单位[1]，而毡帐也是判断游牧性质遗存标准中的一项重要指标[2]，因此，可以说毡帐是游牧民族文化的一种代表形式。从目前搜集的考古材料可以看到，中古时期，帐篷形象由北向南、由西渐东传入中原地区，最终至盛唐时于中国北方黄河流域广为盛行。这期间随着地域时间的演变，帐篷形象的表现形式亦有所变化，这种变化既体现在墓葬材料中的载体形式，也体现在其所呈现的功能意义等方面。这些变化从侧面为我们展现了中古时期社会生活中的族群互动与文化交往。

唐时，在唐王朝统治者开明的民族政策下，胡风东渐，中外贸易交流畅通。正如陈寅恪先生所说，此时期的文化优于种族。[3]欧亚游牧民族与中原帝国之间交往互动进一步增强，无论是突厥文化还是中亚文化都在中原帝国广为盛行，反映在本书的主题上则表现为社会各阶层对毡帐这种游牧民族居室文化的喜爱与使用，上至王公贵胄，下到平民百姓，使用与咏唱之记载不乏其例。可见，以毡帐为代表的外来文化已经深入到唐代社会生活中，并逐渐形成一种社会风尚。

本章拟从考古材料中的这些帐篷形象出发，结合相关文献资料，对帐篷

---

① 王明珂：《游牧者的抉择：面对汉帝国的北亚游牧部族》，第40页。

② 郑君雷：《关于游牧性质遗存的判定标准及其相关问题——以夏至战国时期北方长城地带为中心》，载《边疆考古研究》第2辑，第425—457页。

③ 陈寅恪：《隋唐制度渊源略论稿·唐代政治史述论稿》，生活·读书·新知三联书店2001年版，第177—355页。

与中古时期社会生活之间的关系予以探讨，希望对此时期的社会生活提供一个具体而细微的观察视角，进而探究其所反映出的一些族群互动内容。

# 一、帐与胡商商队

考古资料中可以见到的帐篷形象，最早出现于河西地区魏晋时期的壁画墓中，主要表现军队屯营或边塞少数民族生活的场景。[1]北魏定都平城之后，开始出现陶帐房模型，特别是出现了作为圆形框架式帐篷亚型的平城特色方形帐房形象。北朝后期迁都洛阳之后，帐篷形象开始较多地出现于石棺床、石椁等石质葬具的浮雕装饰中，并且出现了方形帐篷（即黑帐篷）这种来自西域的帐篷类型，这些特点与当时的社会发展存在密切联系。北朝后期发现的帐篷形象多表现在石棺床、石椁等在华外国人的石质葬具的浮雕图像中，多与商队出行及宴饮等主题相关并且居于图像的核心位置；同时，来自中东、中亚地区的方形帐篷也始见于此时。另外，载帐架骆驼俑开始出现在北朝后期的墓葬之中。这些帐篷形象在墓葬中的表现形式与前期发生了较大转变，应与此时期的历史背景关联密切。

随着张骞出使西域，丝绸之路得到进一步开通，外商逐渐进入中原。北朝时，史书中将这些入华的外国商人称为"胡商""商胡"，随着"胡商"的入华贸易，其风俗文化也随之渐入中华。而北朝时期的统治阶级，是以拓跋鲜卑为主的鲜卑与汉族联合集团，其中不乏中亚人。此时期对待外商的政策更加优惠，许多外商深入到中原内地进行贸易活动，尤其在北魏迁都洛阳后，北方社会经济有所恢复，农业、畜牧业、手工业、商业均有不同程度的发展，京城洛阳"别有准财、金肆二里，富人在焉。凡此十里，多诸工商货殖之民，千金比屋，层楼对出，重门启扇，阁道交通，迭相临望"[2]；"商

---

① 甘肃省文物考古研究所：《甘肃酒泉西沟村魏晋墓发掘报告》，《文物》1996年第7期；甘肃省文物队、甘肃省博物馆、嘉峪关市文物管理所编：《嘉峪关壁画墓发掘报告》，第68页。

② （北魏）杨衒之撰，杨勇校笺：《洛阳伽蓝记校笺》卷四《城西》，中华书局2006年版，第178页。

胡凡客，日奔塞下，所谓尽天地之区已。乐中国土风，因而宅者，不可胜数。是以附化之民，万有余家。……天下难得之货，咸悉在焉。"[①] 而在这些入华的外商之中，规模与人数又以粟特商人为最。[②]

粟特以撒马尔罕为中心，地域范围主要在中亚的乌浒水（阿姆河）与药杀水（锡尔河）之间的忸密水（拉夫珊河）流域和独莫水流域，由操粟特语——东支伊朗语之一的民族所建立的众多绿洲小国组成，包括康国、安国、史国等，"粟特国，在葱岭之西，古之奄蔡，一名温那沙。居于大泽，在康居西北，去代一万六千里……其国商人先多诣凉土贩货"[③]；"康国者，康居之后也。迁徙无偿，不恒故地，自汉以来，相乘不绝。其王本姓温，月氏人也……人皆深目、高鼻、多髯。善商贾，诸夷交易多凑其国"[④]；"（康国人）俗习胡书。善商贾，争分铢之利。男子年二十，即远之傍国，来适中夏，利之所在，无所不到"[⑤]。北朝时期，因北魏对中国北方地区的统一而使得政治环境相对稳定，加之其统治者施行相对开明的民族政策，中原与中亚之间、丝绸之路上的种种限制均相对减少。

从此时期开始，粟特等外国商人的入华贸易开始兴盛，尤其是北魏迁都洛阳之后，其进入中原地区的线路更加畅通，反映在本书的主题上便是这些在华胡人墓葬中石质葬具装饰中的各种商队相关题材。安伽墓围屏石榻浮雕图像中的"野宴动物奔跑图""野宴商旅图""奏乐宴饮舞蹈图"，史君墓石堂葬具浮雕图像中的"商队野宴休息图"，以及 Miho 美术馆石棺床围屏浮雕图像中的"野地营帐宴饮图"等，均表现的是以圆形毡帐为中心的胡商商队等有关活动之内容。商队中所表现的毡帐形象以圆形帐篷系统为主，方形帐篷仅安伽墓和虞弘墓见 3 例且均表现在宴饮图中。此处，方形帐篷的开始出现，恰是此时期游走于中亚与中原地区之间的中亚商人贸易行为的一个

① （北魏）杨衒之撰，杨勇校笺：《洛阳伽蓝记校笺》卷三《城南》，第 145 页。
② 张庆捷：《北朝入华外商及其贸易活动》，载《4—6 世纪的北中国与欧亚大陆》，第 12—36 页。
③ 《北史》卷九七《西域传》，第 3221 页。
④ 《魏书》卷一〇二《西域传》，第 2281 页。
⑤ 《旧唐书》卷一九八《西戎传》，第 5310 页。

有力例证。另一方面，圆形帐篷系统中突厥帐作为商队使用的主要居住形式，则反映了北朝后期突厥文化随胡人商队传入中原的情形。《突厥蒙古诸民族史》中也曾指出，在突厥人统治中亚时期，即从 6 世纪起，中亚伊朗人、粟特人的商业作用有所增加。[①]

商队入华贸易，骆驼是主要的驮运货物的交通工具，其驮载的物品不仅有交易商品如丝绸等，还有水壶、毡帐等旅途生活用品。公元 6 世纪初开始，作为随葬品出现在墓葬中的载帐架骆驼俑可以看作对胡人商队入华贸易活动的一种直接反映，也可以看作是对入华商人所带来"胡风"的一种体现。骆驼以陶俑的形式随葬于墓葬中最早出现于北魏初期，见于内蒙古呼和浩特北魏墓[②]、大同司马金龙墓[③]、雁北师院北魏墓群[④]，此时的骆驼背上均无任何负载物品；北魏孝文帝迁都洛阳后，骆驼俑背部开始出现负载物品，驮载的帐架也开始出现。最早的载帐架骆驼俑出现于河北曲阳北魏孝明帝正光五年（524）墓[⑤]中。骆驼是丝绸之路上商业贸易的主要交通工具，也是长途贩运货物的理想工具，中古时期漫长的中西贸易和文化交往中，商队大量使用骆驼。胡人商队往往规模庞大，作为主要交通工具的骆驼数量往往很多，而商队人数则更是少则数百，多者过千。[⑥]安伽墓、史君墓及 Miho 美术馆所藏石质葬具浮雕图像中的商队图像，均显示骆驼载运的具体内容。北齐东安王娄睿墓壁画中的骆驼商队图，则为我们了解商队驮运货物提供了更为精细的图像材料（图版十一）。壁画中共有商队图 2 幅，墓道西壁第一层壁画为四人五驼，骆驼满载货物，用丝带捆系丝绸及货物，其中有两匹骆驼驼峰间有鞍架，其上放置帐架；墓道东壁第一层壁画，五人五驼，为首的是一位西域

① ［俄］瓦·符·巴托尔德著：《突厥蒙古诸民族史》，载［日］内田吟风等著，《北方民族史与蒙古史译文集》，余大钧译，云南人民出版社 2003 年版，第 277—278 页。
② 郭素新：《内蒙古呼和浩特北魏墓》，《文物》1977 年第 5 期。
③ 山西省大同市博物馆、山西省文物工作委员会：《山西大同石家寨北魏司马金龙墓》，《文物》1972 年第 3 期。
④ 大同市考古研究所、刘俊喜主编：《大同雁北师院北魏墓群》，第 60—61 页。
⑤ 河北省博物馆、文物管理处：《河北曲阳发现北魏墓》，《考古》1972 年第 5 期。
⑥ 李瑞哲：《魏晋南北朝隋唐时期陆路丝绸之路上的胡商》，四川大学博士学位论文，2007 年，第 92—93 页。

年长胡人，第二位高鼻深目，连鬓大胡，往后三位只能看到置于骆驼群中，不见头和身体，五头骆驼相随列队行进。这些骆驼背负大型的包囊、平行圆木条累堆的毡帐围壁支架等，清楚地展示了这些往来于丝绸之路贸易的商队生活的具体情形。

"绘画作品与北朝墓葬中常见的陶骆驼一样，是这一时期墓葬中所流行的艺术题材，他们在墓葬中的含义或许应与有关的丧葬观念联系起来考察。"[①]这些出现在墓葬中的有关胡人商队的壁画、画像或者是陶质随葬器物，有些反映的也许是墓主人对其祖先经商的记忆，而更多反映的应是伴随着丝绸之路贸易的不断发展，其所带来的胡族风尚逐渐盛行于当时社会。随着人们对毡帐这种游牧民族标志的认识的加深，以及对胡人商队贸易的接受，最终发展为社会意识形态领域的一种认同，反映于墓葬材料中，便有了这种对胡人商队的刻画以及各种骆驼形象的出现。从北魏后期开始出现在墓葬中的载帐架骆驼形象，发展至盛唐，其所载帐架形制由I式演变发展为IV式，即由写实发展为抽象，最终演变为一种象征意义上的符号。此外，娄睿墓以及山西地区其他北齐墓葬所出土载帐架骆驼俑的负载物品中，还有一种置于所有载物顶端的圆形环状物，观其形制，参照民族志资料（图3-4，2、3），应是用于构建帐篷时所用帐篷顶圈的象征意义的形态表现。从这些对驼俑载物的具体刻画及其演变发展中，可以看到工匠在塑造作品时的模式化过程，以及其所反映出的社会意识领域的认知程度。

---

① 郑岩：《魏晋南北朝壁画墓研究》，文物出版社 2002 年版，第 264 页。

# 二、帐与社会风尚

## （一）帐与郊游宴飨

### 1. 考古材料中的宴饮场景

综合分析前文考古材料发现，帐篷形象的出现场景多与宴饮、飨乐等活动有关。

山西大同沙岭北魏壁画墓绘制的便是大型宴饮的场面。5 例毡帐位于壁画的西部，其中 4 个毡帐并行位于壁画第四行，最西边 1 例毡帐形制最大，一女子坐于帐中，其周围放置食物及樽、壶、罐等生活用品，前面有仆人及伴奏表演的乐伎；其余 3 例毡帐形制较小，一个帐门上卷，一女子站立在帐门处，另外两个门帘遮掩。第五行主要为杀羊场景，画面最东部有 1 例与第四行较小毡帐形制相同者，帐门上卷，里面置有一个大型陶罐，下面有陶盆和陶罐，一人正左手提小壶、右手伸出，似在拔塞接酒或水。整幅壁画的主要部分被围隔的步障分为东西两部分，东部以主人居住的庑殿顶房屋为中心，为人数众多、规模较大的宴饮场面；西部则主要为粮仓、车辆、毡帐和杀羊等劳动场面。

出现于 6 世纪后半叶即北朝后期的粟特人石质葬具的浮雕壁画中，则多涉及宴饮的场景，如安伽墓"野宴动物奔跑图""野宴商旅图""奏乐宴饮舞蹈图"，以及 Miho 美术馆所藏石棺床"野地营帐宴饮图"等，为我们了解中古时期宴飨之风的流行提供了具体而生动的图像资料。

安伽墓正面屏风第 1 幅，图像上半部为一方形大帐，顶部为两坡面，坡度较小，正中装饰日月徽标；帐门侧开，顶涂红色并刻绘花叶，柱为红色木柱，柱头雕刻莲蓬，帐内共有 10 人，图像表现的是奏乐舞蹈内容；左侧屏风第 3 幅，图像上半部分画面右侧放置一圆形穹窿顶毡帐，整体为瘦高圆柱体，顶及周壁为虎皮纹色，门楣一周及门框涂红色；帐内坐有 3 人，其面前有一贴金大盘，盘内有各种饮食器皿；帐门左前方有一侍者，毡帐右侧立 3 名侍者，图像呈现的是野地宴饮的场景。右面屏风第 2 幅，画面上半部有一虎皮纹穹窿顶毡帐，该帐形制较大，帐门宽大，周壁略呈弧形，顶部贴金并绘花叶，帐篷内涂红色并绘虎皮色方框，帐前置金色壶门坐榻一副，其上对坐两人，持金叵罗对饮；画面下半部为乐舞场景。整幅画面呈现的是宴饮奏乐舞蹈的内容。

史君墓石堂葬具北壁 N1 上部画面中心为一圆顶帐篷，门帘上卷，帘上栖有两只小鸟，帐内盘坐一头戴宝冠、身着翻领窄袖长袍的男子，其手握一长杯。帐外树木茂盛，空中有两只大雁。帐前靠右侧铺设有一椭圆形毯子，其上跪坐一位头戴毡帽的长者，亦手握长杯，与帐中之人对坐，作饮酒状。帐篷两侧有 3 位侍者，左侧 2 位，右侧 1 位。整幅图像呈现的是商队野外露宿饮宴的内容。

Miho 美术馆藏粟特石棺床围屏 E 板上半部，即屏风正面第 2 幅，绘有圆顶大帐 1 个，穹庐形制较大，帐门开于两侧，有两根木构支柱，穹庐顶饰花叶纹饰。帐内为男女主人坐在榻上对饮，帐前有一舞者跳舞，其两旁为乐队。整组图像呈现的是宴饮场景。石屏风 C 板上部，即屏风左边第 3 幅上部也绘有圆形帐篷 1 个，穹庐顶，周壁略外弧，帐门近方形，较小。整个帐篷仅顶与周壁相连处饰一周连珠纹及三周弦纹。一披发突厥首领坐在帐中接受随从的供食，帐外有席地而坐的侍者。中部是 2 匹无人骑乘的马，下面是两人骑马射猎的场景。整幅图像呈现的是野地营帐宴饮的场景。

太原隋虞弘墓石椁葬具浮雕图像中见方形大帐 1 例，位于石椁椁壁浮雕第 5 幅图案中部，表现为一大庐帐的后半部，中间高，两面低，呈坡状斜下至图案左右两边。在斜顶和两边庐帐立柱上布满成串椭圆形连珠纹饰。这种剖面雕绘法，既显示了庐帐外形，又展示了帐内情景。在帐内后部正中，是以连珠纹装饰的帐幔式建筑，檐下是一向前伸出的床榻，其上男左女右对坐一对头戴王冠的男女，深目高鼻，女子正在陪男子饮酒。男女主人两侧各有两名男女侍者，男左女右两两相对，均有头光和飘带。主人和侍者的前面是一片开阔场地，左右对称安排六名男乐者，分别跪坐于两侧，每侧三人，排列形式均是后面两人，有头光和飘带；前面一人，无头光和飘带。在左右乐者中间，有一男子正在舞蹈。图像中所有人物均为深目高鼻。整幅图像呈现的是歌舞宴饮场景。

青海夏塔图吐蕃棺板画中有圆形毡帐形象 8 例，其中夏塔图 M1 彩绘棺两块，A 板宴饮图中有 2 座毡帐前后相连，表现场景与宴饮相关；夏塔图 M2 右侧棺板彩绘画中残见大帐 1 座，左侧棺板宴饮图中见前后相连 2 座毡帐，整体图像呈现的亦是吐蕃宴饮场景。

### 2. 郊游宴飨之风

通过对北朝后期开始出现的这些石棺床及石椁浮雕壁画中饮宴场景的观察，可以发现其多与毡帐有直接或间接关系。这些宴饮场景多为帐中对饮、帐前歌舞的内容，展现了中亚游牧民族节日宴饮狂欢的风俗，类似这样的画面，在粟特人故乡撒马尔罕一带的考古遗存中屡有发现。[①] 在巴拉雷克切佩和片治肯特等地所绘的粟特人壁画中，便有这样的宴饮内容。[②]

至唐代，考古材料中毡帐以图像形式出现的较少，目前所见皆为敦煌壁画嫁娶图中的场景。白色圆顶帐篷，开有一方形门，通过门可看到帐内菱形木格交错的骨架所构成的围壁，地面铺有毡毯，其中晚唐第 156 窟、榆林第 38 窟所绘毡帐还可看到顶部的圆形天窗。白色毡帐侧边是嫁娶场景主体方形帐架结构棚舍，内设有桌台宴饮，结构设置具有模式化。这些毡帐形象皆与弥勒经变之嫁娶图有关。虽然考古材料中毡帐直接形象发现较少，但通过丰富的文献资料仍可见唐代郊游宴飨之风流行的盛况。

春季寒食清明节、上巳节间，唐人喜好外出踏青，宴饮聚会。唐彦谦《上巳》（一作《上巳日寄韩公》）云："上巳接寒食，莺花寥落晨。微微泼火雨，草草踏青人"[③]；杜甫《丽人行》中亦有"三月三日天气新，长安水边多丽人"[④] 之句，都描述了唐人春游的风俗。

唐人非常重视寒食清明节。是时，官民皆休假三日，并于此时在全国广

① 霍巍：《西域风格与唐风染化：中古时期吐蕃与粟特人的棺板装饰传统试析》，《敦煌学辑刊》2007 年第 1 期。

② 姜伯勤：《安阳北齐石棺床画像与入华粟特人的祆教美术——兼论北齐画风的巨变与粟特画派的关联》，载《艺术史研究》第 1 辑，第 168—169 页。

③ （唐）唐彦谦：《上巳》，载《全唐诗》卷六七二，第 7690 页。

④ （唐）杜甫：《丽人行》，载《全唐诗》卷二一六，第 2260 页。

泛开展各种文娱体育活动，包括郊游踏青、拔河秋千及放纸鸢等。上巳节（三月三日）是一种古老的节日，先秦时，其表现为人们于每年三月上巳日去水边举行一种称为"祓禊"的除灾求福礼仪。隋代时，上巳节仍保留"祓禊"之名，其内容却已经蜕变为季节性的聚会节日。[①] 到唐代时，上巳节已经成为唐朝三令节之一，朝廷对其非常重视，按规定，有百官择地追赏为乐、皇帝赐宴、百姓踏青春游等。[②]

文献中也不乏帐的身影，其设立多与彼时宴饮休息相关。《开元天宝遗事》记载："都人士女每至正月半后，各乘车跨马，供帐于园圃或郊野中，为探春之宴"[③]，此时"山顶林间，供帐帘幕，筵席甚盛"[④]。根据这种探春之宴风俗的描述，结合与之密切相关的"帐"的考古资料，梳理其脉络，可以发现其与粟特人石质葬具浮雕图像中所展现的各类型宴饮图之间应该存在一定渊源。这些石雕图像中多次出现的宴饮场景，直接或间接地与毡帐存在关联，不论是帐内对饮还是帐前歌舞，都为我们生动地再现了当时的宴飨场面，为了解中亚民族节日宴饮狂欢的风俗提供了真实图景。考古资料的客观展示，也为解读文献中唐时的郊外宴飨之风提供了线索和构图基础。

此外，隋代伊始，上巳节内容发生转变，虽仍保留"祓禊"除灾祈福之意，但实际内容却已经完全蜕变为社会各阶级共享的季节性聚会节日。这种变化，或许与北朝后期丝绸之路贸易繁荣带来的社会经济发展、族群交往带来的各民族文化交融以及外国商人入华带来胡族风尚存在更为直接的渊源。发展到唐代，这种节日宴飨的风尚在社会各阶层中流行，不论是统治阶层还是平民百姓，皆重视节日饮馔[⑤]，前文所提探春设帐于户外宴饮的风俗或

---

① （隋）卢思道《上巳禊饮诗》："山泉好风日，城市厌嚣尘。聊持一樽酒，共寻千里春。余光下幽桂，夕吹舞青苹。何言出关后，重有入林人。"载逯钦立校《先秦汉魏晋南北朝诗》，中华书局1983年版，第2635页。

② 胡戟、张弓、李斌城、葛承雍：《二十世纪唐研究》，中国社会科学出版社2002年版，第901页。

③ （五代）王仁裕、（唐）姚汝能撰，曾贻芬点校：《开元天宝遗事·安禄山事迹》，中华书局2006年版，第56页。

④ （宋）李昉等编：《太平广记》卷四六〇《户部令》"史妻"条，第3766页。

⑤ 胡戟、张弓、李斌城、葛承雍：《二十世纪唐研究》，第902页。

恰可印证早时胡人宴饮之风俗，亦可视为唐时胡风盛行于社会生活中的一点反映。

### （二）百子帐与唐人婚礼

"唐人昏礼多用百子帐，特贵其名与昏宜，而其制度则非有子孙众多之义，盖其制本出塞外，特穹庐、拂庐之具体而微者。棬柳为圈，以相连锁，可张可合，为其圈之多也，故以百子总之，亦非真有百圈也。其施张既成，大抵如今尖顶亭子，而用青毡冒四隅上下，便于移置耳。"① 这是宋人程大昌依据白居易毡帐诗的记述对毡帐的来源、形制所进行的考证。对此，吴玉贵先生曾作过详细论述②，其文不仅对程大昌的论点进行严密考证，并对"百子帐"一词的来源进行考察，指出鲜卑以前未见"百子帐"之记载，而"百子帐"的名称源出于鲜卑，"百子"则最初的可能是鲜卑人对毡帐称呼之译音，而"子孙众多"的说法则是唐人的附会之意。

唐代婚礼内容丰富多彩，《封氏闻见记》曾有详细描述："近代婚嫁，有障车、下婿、却扇及观花烛之事，又有卜地、安帐、并拜堂之礼。上自皇室，下至士庶，莫不皆然。今上诏有司约古礼，今仪使太子少师颜真卿、中书舍人于邵等奏：（请停）障车、下婿、观花烛及却扇诗，并请依古礼，见舅姑于堂上，荐枣栗腵修，无拜堂之仪。又，毡帐起自北朝穹庐之制，请皆不设，唯于堂室中置帐，以紫绫幔为之。"③《唐会要》中记载："建中元年（780）十一月二日，礼仪使颜真卿等奏……相见行礼，近代设以毡帐，择地而置，此乃元魏穹庐之制，合于堂室中置帐，请准礼施行。"④ 催妆、障车、下婿、转席、坐鞍、青庐拜堂、蹦新妇迹、弄新妇、却扇、拜舅姑

① （宋）程大昌：《演繁露》卷一三"百子帐"条，载《景印文渊阁四库全书》第852册，第181页。
② 吴玉贵：《白居易"毡帐诗"所见唐代胡风》，见荣新江主编《唐研究》第五卷，第401—420页。
③ （唐）封演撰，赵贞信校注：《封氏闻见记校注》卷五《花烛》，第43—44页。
④ 《唐会要》卷八三《嫁娶》，第1529—1530页。

皆为唐时的婚礼内容[①]，而坐鞍、下婿、青庐拜堂等习俗应源于北朝遗风。《酉阳杂俎续集》引《聘北道记》："北方婚礼，必用青布幔为屋，谓之青庐，于此交拜"[②]；"今士夫家昏礼露施帐，谓之入帐。新妇乘鞍，悉北朝余风也"[③]；"北朝婚礼……婿拜阁日，妇家亲宾妇女毕集，各以杖打婿为戏乐，至有大委顿者"[④]。从这些记载中可对北朝至隋唐的婚俗略有了解。

考古材料方面，山西大同雁北师院北魏墓 M2 和司马金龙墓出土的平城特色陶质帐房模型器以及沙岭北魏壁画墓 M7 南壁壁画中的毡帐图像，为理解鲜卑穹庐之制提供了图像场景资料。敦煌壁画中始见于盛唐时期的嫁娶图则为后人理解唐代婚礼习俗提供了直接线索。此类嫁娶图从盛唐开始直至宋时，图像场景中都为一顶人字形帐幕居于图像中心，其内坐有宾客宴饮；帐前铺有一地毯，新郎与新妇在其上行礼，见于敦煌莫高窟盛唐第 148 窟、盛唐第 33 窟、晚唐第 196 窟、晚唐第 12 窟，榆林窟中唐第 25 窟、五代第 38 窟、五代第 20 窟等（图版十二）[⑤]。还有一类嫁娶图，在人字形帐幕之旁又设一顶圆形毡帐，见于敦煌莫高窟盛唐第 445 窟、盛唐第 148 窟、中唐第 360 窟、晚唐第 156 窟以及榆林五代第 38 窟等。这种毡帐均为白色的圆形穹顶式，开有一方形门，通过门可以看到帐内围壁菱形木格交错的骨架，地面铺有毡毯；晚唐第 156 窟、榆林第 38 窟所绘的毡帐还可以看到顶部画有圆形天窗。根据图像内容结合文献资料，可以推断这种在用于婚礼拜堂的帐幕旁安置的毡帐应该就是前文颜真卿奏请不设的百子帐。

唐人这种于婚礼时设置毡帐的习俗，应是当时社会对魏晋百子帐的一种

---

① 李斌城等：《隋唐五代社会生活史》，中国社会科学出版社 1998 年版，第 261—264 页。

② （唐）段成式撰，方南生点校：《酉阳杂俎续集》卷四《贬误》，中华书局 1981 年版，第 241 页。

③ （唐）段成式撰，方南生点校：《酉阳杂俎续集》卷四《贬误》，第 241 页。

④ （唐）段成式撰，方南生点校：《酉阳杂俎续集》卷四《贬误》，第 241 页。

⑤ 段文杰主编：《中国敦煌壁画·盛唐》，第 100、202 页；关友惠著：《中国敦煌壁画全集 8（晚唐卷）》，天津人民美术出版社 2001 年版，第 64、174 页；敦煌研究院编著：《中国石窟·安西榆林窟》，第 24、87 图；段文杰主编：《中国敦煌壁画全集 9（敦煌五代·宋）》，天津人民美术出版社 2006 年版，第 180 页。

附会理解，取其"子孙众多"之意。诸如这种在婚礼习俗中取吉祥之意的内容不乏其例，如坐鞍之俗即指新娘进门时要从摆在门口的马鞍上跨过或坐一下，"鞍"即"安"的谐音，取其平安之意，宋时仍有遗迹，如《东京梦华录》卷五"引新人跨鞍"[①]；直至近代，北京婚俗仍有引新人跨马鞍，并手持一瓶，取平安之意。[②]唐人对"百子帐"的这种附会理解，或许便渊源于毡帐骨架"捲柳为圈，以相连锁，可张可合，为其圈之多也，故以百子总之"的认知。通过敦煌壁画和文献记载[③]，可以看到这种于婚礼时安置百子帐的习俗主要流行于唐代，下限可到五代，至宋时已不见，正如吴玉贵先生的研究所指出，到宋代以后，人们对"百子帐"的说法就比较陌生了[④]。

　　唐人对百子帐的喜爱和婚礼设帐的风俗，应源于唐代社会胡风兴盛的社会风尚。正如前文所论述，至唐时，社会生活中对毡帐的使用已经非常普遍，毡帐不仅用于婚礼庆典，还偶有见于日常生活之用，诸如白居易在其所设青毡帐中居住了十多年，皇族贵胄在宫中设置毡帐而居等。这些社会习俗，从考古材料中我们或可见其端倪。在考古材料中，如果说唐代墓葬中随葬众多载帐架骆驼俑的情况应与彼时丝绸之路交往繁荣、胡人商队贸易兴盛有关，那么巩义北窑湾武则天迁都洛阳时期墓葬中随葬有毡帐陶模型，则或许可以作为游牧民族居室文化对唐代社会生活影响的一个最好实物例证了。

---

① （宋）孟元老撰，伊永文笺注：《东京梦华录笺注》卷五《娶妇》，中华书局2007年版，第480页。

② 萧默：《敦煌建筑研究》，第202页。

③ （唐）陆畅《云安公主下降奉诏作催妆诗》："云安公主贵，出嫁五侯家。天母亲调粉，日兄怜赐花。催铺百子帐，待障七香车。借问妆成未？东方欲晓霞。"见《全唐诗》卷四七八，第5441页。

④ 吴玉贵：《白居易"毡帐诗"所见唐代胡风》，见荣新江主编《唐研究》第五卷，第401—420页。

# 三、帐与墓葬规制

　　墓葬是观察古代社会生活最直接的材料之一，也是考古材料中最重要的一类资料。墓葬形制的出现与演变具有一定的规律性，能够反映出社会生活、政治经济乃至思想意识等方面的一些普遍性内容。

　　中国北方地区大体于北魏晚期开始出现圆形墓葬这种新型墓葬形制。从墓葬传统发展谱系来看，这种圆形墓并非社会主流形式，其突然出现并延续使用的情况很可能承担了某种特殊意义符号的可能。[1] 目前，考古材料所见圆形墓葬首先出现于山东淄博的崔氏家族墓地，该墓地位于山东省淄博市临淄区大武镇窝托村南约400米，两次发掘共清理墓葬19座，时代涵盖北魏、东魏和北齐。[2] 这批墓葬中除五号墓崔德墓墓室平面为正方形外，其余18座墓葬形制基本相同，只是墓室大小和墓向有所差别。这批圆形墓葬均为单室墓，以长方形石条修筑而成，墓室平面均呈圆形或椭圆形，穹窿顶，有向外突出的长方形甬道连接石墓门，墓壁和墓顶的砌法相同。这批墓葬根据出土墓志可以确定墓主人身份者为6座，分别是一号墓崔鸿夫妇墓（图4-1）、三号墓崔混墓（图4-2；图4-3）、十四号墓崔鹔墓、五号墓崔德墓、十二号墓崔博墓和十五号墓崔猷墓[3]（图4-4），其中年代最早的为北魏太和十七年（493）崔猷墓，最晚者为北齐承光元年（577）崔博墓。其余13座虽无法判断墓主人身份，但根据墓葬形制、结构和出土器物分析，能够确定应是北朝时期墓葬。根据出土的7方墓志文字记载，可以确定该墓地为山东清河崔氏家族墓地，始于北魏，延至北齐，历经北朝百余年，墓主人为具有血缘关系的父子、夫妻、叔侄或兄弟，如墓葬年代最早的崔猷便是崔鸿、崔鹔之父崔光的叔兄。山东清河崔氏，自西晋以来便一直是山东地区的世家豪族。自北魏建都，鲜卑统治集团为了巩固政权采取与汉族豪族世家合作的方式巩固

---

① 　沈睿文：《北朝隋唐圆形墓研究述评》，载《理论与史学》第2辑，中国社会科学出版社2016年版，第123页。

② 　山东省文物考古研究所：《临淄北朝崔氏墓》，《考古学报》1984年第2期；淄博市博物馆、临淄区文管所：《临淄北朝崔氏墓地第二次清理简报》，《考古》1985年第3期。

③ 　发掘简报中未公布崔猷墓（M17）线图，但指明崔猷墓墓葬结构与M16相同，见图4-4。

其统治，尤其在北魏孝文帝迁都洛阳之后，进一步去鲜卑化，采用汉族门第制度，制定族姓，积极拉拢中原汉族门阀，严格根据门第标准选拔人才。在汉族门阀世家中，山东以清河崔氏、范阳卢氏为首。迄今考古工作尚未发现崔氏以外使用圆形墓的其他北朝墓葬。因此，圆形墓葬形制的使用与北朝崔氏门阀的关系便显得尤为独特了。正如沈睿文在述评中所说，"圆形墓从一开始便成为北朝崔氏一族的墓葬符号。门阀是两晋南北朝乃至唐代政治的一个重要内容和时代特点，我们认为圆形墓与门阀崔氏的紧密相关使得该墓葬有可能成为探讨门阀士族与政治的一个切入点"[1]。

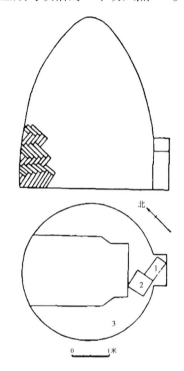

**图 4-1　临淄北朝崔氏墓 M1 平剖面图** [2]

1.2.墓志　　3.残陶俑

①　沈睿文：《北朝隋唐圆形墓研究述评》，载《理论与史学》第 2 辑，第 123 页。
②　山东省文物考古研究所：《临淄北朝崔氏墓》，《考古学报》1984 年第 2 期。

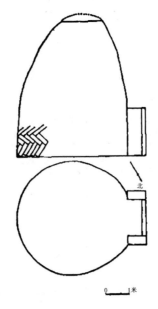

图 4-2　临淄北朝崔氏墓 M3 平剖面图 ①

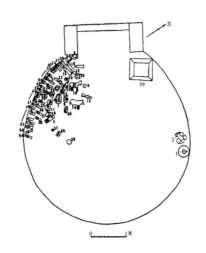

图 4-3　临淄北朝崔氏墓 M3 随葬器物分布图 ②

　　1.瓷四系罐　2.白陶罐　3.4.14.39.40.武士俑　5.礁　6.牛　7.猪　8.羊　9.
磨　10.11.16.女仆俑　12.41.42.53.54.仪仗俑　13.15.30.43—52.侍俑　17.31—34.文俑
18.22.27—29.35—38.女侍俑　19.马　20.鸡　21.井　23.鸭　24.骆驼　25.鹅　26.镇
墓兽　55.狗　56.灶　57.蒸笼　58.瓷碗　59.石墓志（凡未注明质料者均为陶质）

① 山东省文物考古研究所：《临淄北朝崔氏墓》，《考古学报》1984 年第 2 期。
② 山东省文物考古研究所：《临淄北朝崔氏墓》，《考古学报》1984 年第 2 期。

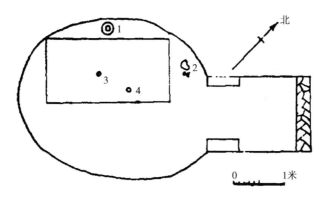

**图 4-4　临淄北朝崔氏墓 M16 平面图**[1]

1.2.盘口壶残片　3.蕚轮铜钱　4.五铢钱

　　圆形墓葬从北魏晚期开始出现，至辽时被普遍使用，存在时间达六百余年，分布范围北至内蒙古赤峰地区，南到河南巩县一代，西界大体在山西大同一线，东到达山东临沂附近[2]；空间上呈现出由山东向河北南部北部、河南中部、山西大同地区、辽宁西部以及内蒙古东部扩散的态势。可以说，圆形墓葬虽然一出现仅见于崔氏家族所使用且北朝时期并未见他例（根据目前考古材料所示），然而至唐时这一墓葬形制已经开始向北传播并为不同人群所采用。

　　关于圆形墓葬出现的渊源，有学者认为是北方草原少数民族传统穹庐毡帐居室文化与中原地区墓葬形制结合的产物[3]，也有学者认为其渊源应是弧方形墓葬[4]，还有学者认为齐青崔氏墓葬形制与长江下游东晋南朝高等级墓葬中平面椭圆形的墓制有所关联[5]，此外还有学者将圆形墓葬的出现与宗教

① 淄博市博物馆、临淄区文管所：《临淄北朝崔氏墓地第二次清理简报》，《考古》1985年第 3 期。

② 方殿春：《论北方圆形墓葬的起源》，《北方文物》1988 年第 3 期。

③ 黄河舟：《浅析北朝墓葬形制》，《文物》1985 年第 3 期；张洪波：《试述朝阳唐墓形制及其相关问题》，《辽海文物学刊》1996 年第 1 期；信立祥：《定县南关唐墓发掘简报》，载《文物资料丛刊》第 6 辑，文物出版社 1982 年版，第 116 页。

④ 方殿春：《论北方圆形墓葬的起源》，《北方文物》1988 年第 3 期。

⑤ 李梅田：《论南北朝交接地区的墓葬——以陕西、豫南鄂北、山东地区为中心》，《东南文化》2004 年第 1 期。

关联起来①。考虑到圆形墓葬一出现便与汉族门阀连为一体的独特的时代特点与本书研究议题相一致，故而尝试通过本书的研究视角为探究圆形墓制渊源提供一些新的思考。

从目前的考古材料来看，北魏政权的建立者——拓跋鲜卑并没有使用圆形墓葬的历史，不论是定都平城期间还是更早时期，鲜卑族群的传统墓葬形制是长方形或梯形的土坑竖穴墓、竖井式或长斜坡式墓道土洞墓和梯形或弧方形砖室墓，其中砖室墓的出现始于北魏定都平城时期，并在迁都洛阳后逐渐增多。②这种弧方形砖室墓应是平城时期新出现的墓葬形制，多为大型多室砖墓，主墓室平面呈方形，四壁外弧，雁北师院北魏墓、沙岭北魏壁画墓、司马金龙墓、宋绍祖墓等一批平城时期墓葬的主墓室皆为此形制（图4-5）。

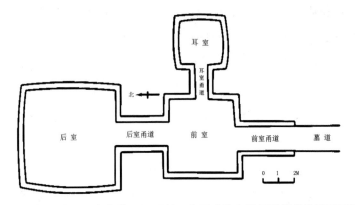

图4-5　山西大同北魏司马金龙墓平面形制示意图（笔者根据简报墓葬平面图描绘）③

这种弧方形墓室的使用者既有鲜卑统治集团成员，也有汉族氏族贵族，墓室结构、建筑技术等墓葬关键要素与特殊时代背景下的族群交融、文化交往密切相关。鲜卑是起源于北方森林草原的游牧民族，"俗善骑射，随水草放牧，

---

① 倪润安：《试论北朝圆形石质墓的渊源与形成》，《北京大学学报》（哲学社会科学版）
　2010年第3期；韦正：《试探北朝崔氏墓的象征性》，载《庆贺徐光翼八十华诞论文集》
　编委会编：《庆贺徐光翼八十华诞论文集》，科学出版社2015年版，第427—439页。

② 吴岩松：《内蒙古中部与大同地区的鲜卑——北魏墓的类型与分期》，吉林大学硕士学
　位论文，2007年，第4—6、12—14页。

③ 参考山西省大同市博物馆、山西省文物工作委员会《山西大同石家寨北魏司马金龙墓》，
　《文物》1972年第3期。

居无常处，以穹庐（帐篷）为宅，皆东向"①。公元 4 世纪末，北魏道武帝拓跋珪迁都平城（今山西大同地区），拓跋鲜卑的政治中心转移至晋北地区。随着"计口授田""劝课农桑"等一系列政策的颁布实施，其境内农业得到相当发展，主要生业模式由游牧转为定居，居住模式也随之发生变化，至北魏太武帝拓跋焘时始筑城郭。随着政治文明、经济策略的转变，鲜卑统治者积极邀请汉族世家豪族加入其统治集团，公元 5 世纪的平城为鲜卑族与汉民族的加速交融提供了重要舞台。

体现在丧葬制度上，便是具有平城特色的陶质帐房模型器与大量陶俑、生活用具模型、家畜模型和成套陶车模型等经常共同随葬于墓中。例如，东晋皇族后裔司马金龙的墓中，便有陶质帐篷模型器与大量釉陶俑群共同随葬。而于平城时期新出现的弧方形砖室墓也应是鲜卑游牧传统与汉式丧葬习俗结合下的产物。新出现于这一时期的 A 型方帐篷为理解弧方形砖室墓的形制提供了重要线索。前文已经论证，这种底部平面呈方形、四壁略外鼓向上逐渐收拢至顶部收为两面坡式、并于顶部中间开天窗的方形帐房模型，作为随葬品出现于司马金龙墓和雁北师院北魏墓的主墓室中，这种方帐房无论结构还是固定方式皆与世界流行的帐篷系统中传统方帐篷（黑帐篷）完全不同，结构上更接近框架式圆帐篷，应是北魏定都平城后结合鲜卑族传统居室文化穹庐毡帐的框架结构与汉式方形屋宇的造型的产物，是平城时期特有的一类居室形式。随葬此类方形帐房的两墓，主墓室亦皆为弧方形砖室墓，且墓主人既有鲜卑族也有汉族贵族。墓葬往往是社会发展过程中精神文明与物质文明的直接反映，弧方形墓室形制特点其实与平城特色方形帐房所呈现出的平面正方、四壁弧边结构很相似，或许鲜卑族墓葬新形制的出现便与此时期鲜卑族居室文化的发展存在一定关联。

杨泓先生曾论证云冈石窟初凿阶段的昙曜五窟椭圆形平面、穹窿顶式窟形仿效的正是鲜卑族传统游牧居室穹庐的形制，石窟的开凿是将象征皇帝的佛像供奉进鲜卑统治者传统居室形式中。昙曜五窟的新样式是 5 世纪中期平城僧俗工匠在云冈创造出的新模式，即"云冈模式"的开端。②随着时间的推移，

---

① 　《三国志》卷三〇《乌丸鲜卑东夷传》，注引《魏书》，第 832 页。

② 　宿白：《平城实力的集聚和"云冈模式"的形成与发展》，见宿白主编《中国石窟寺研究》，第 130—167 页。

北魏孝文帝太和初年开始，佛窟形貌从模拟"穹庐"转为模拟中国传统殿堂，新的精雕富丽的殿堂式石窟造型出现，同样体现了石窟造像的宗教行为服务于北魏最高统治者政治方向的时代特征，而这种出现于石窟造型的殿堂式建筑很可能也正是当时流行于都城平城的新样式。[①]

如果说石窟造型样貌与世俗居室存在联系，那么作为人们生活延续的死后居所——墓葬则与居室文化关系应更为密切。无论是北魏统治者定都平城后新出现的弧方形砖室墓墓葬形制，还是结合鲜卑游牧居室传统与汉式屋宇特点的平城特色方形帐房，抑或是帐房模型器与各类汉式传统模型明器随葬于墓室内，皆反映出北魏最高统治者定都平城时期需要通过"汉化"实现政权巩固的政治需求，也显示出汉族上层贵族参与政治改革的心理认同。

5世纪末叶，随着北魏政权迁都洛阳，鲜汉政权形成稳定的联盟统治，鲜卑族与汉族之间的交融进程进一步加快，圆形墓葬的出现与这一时期政治文明和时代背景密切相关。[②]崔氏家族对圆形砖石结构墓葬的使用并延续百年，从北朝的时空架构中或可观其渊源一二。首先，这种圆形墓葬形制是在以汉族为主体的各民族和居于统治地位的鲜卑族彼此间族群交融、文化交往的社会大背景下出现的，汉制是主要来源之一，鲜卑文化则具有重要作用。[③]这种墓葬新形制的出现应该是汉文化传统葬制融合鲜卑民族居室文化的一种体现。崔氏家族墓地圆形墓葬中，时代最早的崔猷墓为公元493年，这年九月北魏孝文帝正式决定迁都洛阳，次年完成迁都。从时空关系来看，崔猷墓圆形墓葬的出现与定都平城时期流行的弧方形砖室墓之间应该存在一定渊源。而关于北魏平城时期新出现的弧方形砖室墓与鲜卑居室文化发展之间的关系前文已经论证，繁冗举证的目的正是为了说明不论生活习俗还是丧葬规制，新形式的出现往往都与政治环境密切相关。随着北魏迁都洛阳，鲜卑最高统治加快了进一步"汉化"的进程，而作为汉族门阀世家首领的清河崔氏采用与鲜卑居室文化存在渊源的圆形墓葬作为其沿用百年的家族墓葬形制，

---

① 杨泓：《从穹庐到殿堂——漫谈云冈石窟形制变迁和有关问题》，《文物》2021年第8期。

② 逯耀东：《从平城到洛阳：拓跋魏文化转变的历程》，中华书局2006年版，第12—24页。

③ 金爱秀：《北魏丧葬制度的探讨》，郑州大学硕士学位论文，2005年，第18页。

反映的是一种族群交往背景下汉族世家对鲜卑统治集团的文化认同，抑或说用一种近似丧葬符号的形式表现门阀氏族与北朝政治之间的关系。

北朝之后，圆形墓葬进一步发展，向北扩散，如唐代营州地区（辽宁朝阳）便大量发现圆形墓葬[①]，且墓主人身份较为多样。至晚唐时期，墓内开始出现仿木结构建筑装饰部件，内容以假柱、斗拱、门楼、华拱最为常见，至辽代中后期更为流行。[②] 这种在圆形墓葬中采用汉式建筑特征的表现方式，可以看作圆形墓葬的发展过程中社会经济发展、文化传播的物质反映。

总之，鲜卑居室文化的发展与墓葬规制之间存在着一定关联，而圆形墓葬的出现和传播，皆与其所在社会的政治背景和时代特征密切相关，能够为观察中古社会变迁提供新的线索。

# 本章小结

不论是北朝时期粟特人石质葬具浮雕壁画中的商旅出行、郊外宴飨、宴饮舞蹈的图像场景，还是从北魏后期开始出现的载帐架骆驼形象于不同阶段的发展演变，以及至盛唐时开始出现并延续至五代时期的敦煌莫高窟嫁娶图，都为理解中古时期社会生活和时代风尚提供了一个具体而细节的图像资料。随着"胡商"的入华贸易，远至中亚的外来文明与胡族习俗也随之渐入中华。石质葬具上的浮雕图案为我们了解"胡商"的商旅活动与日常生活提供了宝贵的图像资料，诸如其中出现帐篷形象的商队贸易、郊外宴饮舞蹈等场景。安伽墓围屏石榻浮雕图像中的"野宴动物奔跑图""野宴商旅图""奏乐宴饮舞蹈图"，史君墓石堂葬具浮雕图像中的"商队野宴休息图"，以及Miho美术馆藏石棺床围屏浮雕图像中的"野地营帐宴饮图"等，表现的都是以毡帐为中心的胡商活动，而宴饮场景中黑帐篷形象的出现（虞弘墓和安伽墓的图像资料），则应与此时期游走于中亚和中原地区的中亚商人存在关联。在石质葬具浮雕的各类商旅场景中，另一个重要的形象是骆驼。骆驼是

---

① 张洪波：《试述朝阳唐墓形制及其相关问题》，《辽海文物学刊》1996年第1期。

② 樊美丽：《北方地区圆形墓葬的初步研究》，四川大学硕士学位论文，2008年，第29页。

丝绸之路上长途贩运货物的主要交通工具。北朝时期中西贸易往来中，胡人商队规模庞大，所使用的骆驼更是难以计数。[①]骆驼背上所驮载的物品，不仅有丝绸、瓷器等商品，还有水壶、毡帐等旅途生活用品，这些在石质葬具浮雕中均有所表现，展示往来于丝绸之路的商队的生活场景，也再次证明了帐篷与"胡商""胡人"之间的紧密关系。胡风东渐，带来了胡族风尚，节日狂欢、假日宴飨等一系列习俗逐渐成为社会生活的一部分，许多传统节日也因之而发生了内容的变化，上至贵族阶层，下到平民百姓，在国家公共节日中皆共享郊外探春之风尚。另一方面，唐人对于百子帐的喜爱以及婚礼设白色毡帐于帐幕之外的风俗，既源于北朝胡风之遗留，又来自于唐时继续繁荣的各民族文化交往的结果，从而形成了具有唐风特色的社会习俗并广泛普及于唐时各个阶层。

无论是从北朝晚期开始出现在墓葬中的粟特人石质葬具，还是更早时期的壁画、陶俑等随葬物品，其中与帐相关的内容，有些反映的是墓主人对于本人或其祖先曾经的传统生活方式的记忆，有些可能直接反映了丝绸之路复兴而带来的繁荣贸易背景下族群间的文化交往，外来风尚渐入中原并逐渐盛行。随着帐篷这种游牧民族标志被中原地区的人群所认识和接纳，"胡风"也最终发展成为流行于当时社会的时代风尚。

此外，根据考古发现，圆形墓葬从一出现就被北魏统治集团中的汉族上层世家所使用，成为一种近似于墓葬符号的政治象征，从意识形态上与统治政权保持一致。可以说，圆形墓葬形制的出现和延续，是在以汉族为主体的各民族群体和居于统治地位的鲜卑统治族群之间互动交往、民族文化交融下的产物。圆形墓葬形制经北朝清河崔氏门阀世家的百年沿用后，于唐时向北传播，历时约六百年，分布范围涵盖山东、河北、北京、辽宁朝阳等地区。至晚唐时，圆形墓葬内部开始出现仿木结构建筑装饰部件。辽中后期及金元时期，广为流行。这种融合汉式建筑于墓葬的表现方式，也正是社会物质文化发展、族群互动交往在墓葬规制方面的直接反映。

---

① 李瑞哲：《魏晋南北朝隋唐时期陆路丝绸之路上的胡商》，第92—93页。

# 结语：由帐篷所见中古族群互动

中古时期，随着鲜卑南下、突厥强盛以及丝绸之路的重新繁荣、外商入华贸易交往等重要历史事件的发生，北方游牧民族南迁，胡商、胡人往来于中原与中亚之间，各种文化交流频繁，族群间互动往来成为此时期的一项重要内容。

帐篷，作为游牧民族区别于农耕民族的主要标志，魏晋伊始开始出现于河西地区，并随着时间演进和族群权力的迭变，逐渐在中国北方地区传播并兴盛，至盛唐时期，普遍分布于以黄河流域为核心的中国北方地区，为理解这一漫长时期中不同族群间的交往和互动、文化间的交流和融合，提供了一个具体而细微的视角。

帐篷的两大系统在中国北方地区形成了各自不同的发展源流：属于中国北方游牧民族传统的圆形帐篷最终发展为草原上普遍使用的蒙古包之形制，而来自中东、中亚地区的方形帐篷则进入青藏高原，成为今藏族所使用"帐房"即"黑帐篷"之形制，这种发展与延续都可追溯至魏晋隋唐时期。可以说，帐篷形制在中国的传播和发展是中古时期族群互动的一个观之有形、查之有源的时代缩影。帐篷的南传以及发展至唐时社会各阶层对它的喜爱和使用，为我们展示了北朝至隋唐时期"胡风"渐盛的社会图景。这种展示，既体现在出现于 5 世纪、发展于 6 世纪、普遍流行于 7 至 8 世纪的载帐架骆驼俑所驮载物品符号化的表现趋势，其中帐架形制由厚重写实演变至轻薄抽象，最终成为代表游牧文化的抽象化符号，也体现在北朝后期粟特人石质葬具浮雕图像所表现的内容，既展现了北朝时期丝绸之路上的胡商贸易，也显示了胡风渐入中的节日宴飨、郊外宴饮等胡人风俗。

此外，具有平城特色的陶质帐房模型在墓葬中的出现，显示出鲜卑政权建立后游牧民族居室文化融合汉文化的进一步发展。另外，从圆形墓葬规制的出现到墓内木结构装饰部件的使用并广泛流行于后世，正是北魏鲜卑政权统治者与汉族世族大家形成的鲜汉统治集团在民族文化彼此影响、交融发展的社会环境的产物，是民族交融在意识形态层面的物化反映。随着少数民族南迁、丝绸之路繁荣复兴带来的胡商贸易繁华，帐篷形象、载帐架骆驼俑于黄河流域开始普遍分布，尤其是公元 7 世纪末武则天都洛阳时期，巩义北窑湾唐墓中出土的形似蒙古包的陶质帐房模型，正是隋唐时期胡风之普遍存在于社会生活中的物质反应，这些物质遗存为我们理解唐代盛行于国家各阶层的节日狂欢、郊游宴飨、探春立帐的社会风尚提供了十分具象的画面，也为我们了解唐人喜爱百子帐以及唐人婚礼如何使用百子帐提供了线索。

另外，需说明的是，帐篷谱系中的方形帐篷系统由于考古材料较少且已有发现者形制上也与中东、中亚地区本土帐篷有所不同，对于这种方形帐篷的传入以及其演变过程等内容可能有待更多考古材料的支持，并在一个更大地域范围内予以讨论。而有关青藏高原使用帐篷的情形，虽然根据汉藏文献已知吐蕃时期方形帐篷（黑帐篷）已经传入高原并被普遍使用，汉藏文献中的"拂庐"便应指此类吐蕃帐篷，但因考古材料有限，此类黑帐篷式方形帐篷是如何传入西藏本土，具体何时传入，以及此类吐蕃方帐篷的居住形式传入之前高原本土传统居住形式是否确实为圆形毡帐等诸多问题，尚未能给出结论，有待进一步研究。

# 参考文献

## 一、发掘简报、报告

长武县博物馆：《陕西长武郭村唐墓》，《文物》2004年第2期。

长治市博物馆：《长治县宋家庄唐代范澄夫妇墓》，《文物》1989年第6期。

长治市博物馆：《山西长治唐代王惠墓》，《文物》2003年第8期。

陈安利、马咏忠：《西安西郊唐墓》，《文物》1990年第7期。

程永建、周立主编，洛阳市文物考古研究院编著：《洛阳龙门唐安菩夫妇墓》，科学出版社2017年版。

磁县文化馆：《河北磁县北齐高润墓》，《考古》1979年第3期。

磁县文化馆：《河北磁县东魏茹茹公主墓发掘简报》，《文物》1984年第4期。

磁县文物保管所：《河北磁县北齐元良墓》，《考古》1997年第3期。

山西省大同市博物馆、山西省文物工作委员会：《山西大同石家寨北魏司马金龙墓》，《文物》1972年第3期。

大同市考古研究所：《山西大同沙岭北魏壁画墓发掘简报》，《文物》2006年第10期。

大同市考古研究所、刘俊喜主编：《大同雁北师院北魏墓群》，文物出版社2008年版。

甘肃省博物馆：《敦煌佛爷庙湾唐代模印砖墓》，《文物》2002年第1期。

甘肃省文物队、甘肃省博物馆、嘉峪关市文物管理所编：《嘉峪关壁画墓发掘报告》，文物出版社1985年版。

甘肃省文物考古研究所:《甘肃酒泉西沟村魏晋墓发掘报告》,《文物》1996 年第 7 期。

河北省博物馆、文物管理处:《河北曲阳发现北魏墓》,《考古》1972 年第 5 期。

河南省文物考古研究所、巩义市文物保管所:《巩义市北窑湾汉晋唐五代墓葬》,《考古学报》1996 年第 3 期。

焦作市文物工作队、孟县博物馆:《河南孟县堤北头唐代程最墓发掘简报》,《中原文物》1995 年第 4 期。

李爱国:《太原北齐张海翼墓》,《文物》2003 年第 10 期。

李域铮、关双喜:《隋罗达墓清理简报》,《考古与文物》1984 年第 5 期。

辽宁省文物考古研究所、朝阳市博物馆:《辽宁朝阳市黄河路唐墓的清理》,《考古》2001 年第 8 期。

辽宁省文物考古研究所、朝阳市博物馆:《辽宁朝阳北朝及唐代墓葬》,《文物》1998 年第 3 期。

洛阳博物馆:《洛阳北魏元邵墓》,《考古》1973 年第 4 期。

内蒙古博物馆、郭素新:《内蒙古呼和浩特北魏墓》,《文物》1977 年第 5 期。

三门峡市文物考古研究所:《三门峡三里桥村 11 号唐墓》,《中原文物》2003 年第 3 期。

山东省文物考古研究所:《临淄北朝崔氏墓》,《考古学报》1984 年第 2 期。

山西大学历史文化学院、山西省考古研究所、大同市博物馆编著:《大同南郊北魏墓群》,科学出版社 2006 年版。

山西省考古研究所、大同市考古研究所:《大同市北魏宋绍祖墓发掘简报》,《文物》2001 年第 7 期。

山西省考古研究所、太原市文物考古研究所、太原市晋源区文物旅游局编著:《太原隋虞弘墓》,文物出版社 2005 年版。

山西省考古研究所、太原市文物考古研究所编著:《北齐东安王娄睿墓》,文物出版社 2006 年版。

山西省文物管理委员会晋东南文物工作组:《山西长治北石槽唐墓》,《考古》1965 年第 9 期。

陕西省考古研究所:《隋吕思礼夫妇合葬墓清理简报》,《考古与文物》

2004 年第 6 期。

陕西省考古研究所：《西安洪庆北朝、隋家族迁葬墓地》，《文物》2005 年第 10 期。

陕西省考古研究所编著：《西安北周安伽墓》，文物出版社 2003 年版。

陕西省考古研究所隋唐研究室：《陕西长安隋宋忻夫妇合葬墓清理简报》，《考古与文物》1994 年第 1 期。

陕西省文物管理委员会：《西安西郊中堡村唐墓清理简报》，《考古》1960 年第 3 期。

索朗旺堆、侯石柱：《西藏朗县列山墓地的调查和试掘》，《文物》1985 年第 9 期。

太原市文物考古研究所：《太原北齐贺拔昌墓》，《文物》2003 年第 3 期。

天水市博物馆：《天水市发现隋唐屏风石棺床墓》，《考古》1992 年第 1 期。

西安市文物保护考古所：《西安北周凉州萨保史君墓发掘简报》，《文物》2005 年第 3 期。

西安市文物保护考古所：《西安南郊北魏北周墓发掘简报》，《文物》2009 年第 5 期。

西藏自治区文管会文物普查队：《西藏山南加查、曲松两县古墓葬调查清理简报》，P87.《南方民族考古》第 5 辑，四川科学技术出版社 1993 年版。

偃师商城博物馆：《河南偃师县四座唐墓发掘简报》，《考古》1992 年第 11 期。

偃师商城博物馆：《河南偃师两座北魏墓发掘简报》，《考古》1993 年第 5 期。

偃师县文物管理委员会：《河南偃师县隋唐墓发掘简报》，《考古》1986 年第 11 期。

郑州市文物考古研究所、巩义市文物保护管理所：《河南省巩义市孝西村唐墓发掘简报》，《文物》1998 年第 11 期。

中国社会科学院考古研究所编著：《唐长安城郊隋唐墓》，文物出版社 1980 年版。

中国社会科学院考古研究所洛阳唐城队：《洛阳唐东都履道坊白居易故

居发掘简报》，《考古》1994 年第 8 期。

中国社会科学院考古研究所、河北省文物研究所编著：《磁县湾漳北朝壁画墓》，科学出版社 2003 年版。

淄博市博物馆、临淄区文管所：《临淄北朝崔氏墓地第二次清理简报》，《考古》1985 年第 3 期。

## 二、史籍

（汉）班固：《汉书》，中华书局 1975 年版。

（汉）司马迁：《史记》，中华书局 1975 年版。

（晋）陈寿：《三国志》，中华书局 1973 年版。

（北魏）杨衒之撰，杨勇校笺：《洛阳伽蓝记校笺》，中华书局 2006 年版。

（北齐）魏收：《魏书》，中华书局 1974 年版。

（南朝·宋）范晔：《后汉书》，中华书局 1973 年版，

（梁）沈约：《宋书》，中华书局 1974 年版。

（梁）萧统：《文选》六十卷，清光绪十一年（1885）上海同文书局仿汲古阁石印本。

（梁）萧子显：《南齐书》，中华书局 1972 年版。

（唐）崔致远：《桂苑笔耕集》，《业书集成初编》本，商务印书馆 1935 年版。

（唐）段成式：《酉阳杂俎》，中华书局 1981 年版。

（唐）杜佑撰，王锦文等点校：《通典》，中华书局 1988 年版。

（唐）封演撰，赵贞信校注：《封氏闻见记校注》，中华书局 2005 年版。

（唐）李延寿：《北史》，中华书局 1974 年版。

（唐）慧立、彦悰著，孙毓棠、谢方点校：《大慈恩寺三藏法师传》，中华书局 2000 年版。

（唐）释慧琳撰，徐时仪校注：《一切经音义：三种校本合刊》，上海古籍出版社 2008 年版。

（唐）释义净撰，王邦维校注：《大唐西域求法高僧传校注》，中华书局 1998 年版。

（唐）魏徵、令狐求棻等：《隋书》，中华书局 1973 年版。

（唐）姚思廉：《梁书》，中华书局 1973 年版。

（五代）王仁裕、（唐）姚汝能撰，曾贻芬点校：《开元天宝遗事·安禄山事迹》，中华书局 2006 年版。

（后晋）刘昫等：《旧唐书》，中华书局 1975 年版。

（宋）李昉等：《太平广记》，中华书局 2003 年版。

（宋）李昉等：《太平御览》，中华书局 1985 年版。

（宋）欧阳修、宋祁：《新唐书》，中华书局 1975 年版。

（宋）彭大雅撰，徐霆编：《黑鞑事略》，清光绪二十九年（1903）江苏通州翰墨林编译印书局代印本。

（宋）司马光：《资治通鉴》，中华书局 1976 年版。

（宋）王溥：《唐会要》，中华书局 1998 年版。

（宋）王钦若等：《册府元龟》，中华书局 1982 年版。

（宋）孟元老撰，伊永文笺注：《东京梦华录笺注》，中华书局 2007 年版。

（元）达仓宗巴·班觉桑布著，陈庆英译：《汉藏史集》，西藏人民出版社 1986 年版。

（元）萨迦·索南坚赞著，刘立千译注：《西藏王统记》，民族出版社 2000 年版。

（明）巴卧·祖拉陈瓦著，黄颢、周润年译注：《贤者喜宴·吐蕃史》，青海人民出版社 2016 年版。

（明）陈诚撰，周连宽校注：《西域行程记·西域番国志》，中华书局 2000 年版。

（明）释迦仁钦德著，汤池安译：《雅隆尊者教法史》，西藏人民出版社 2002 年版。

（清）顾祖禹撰，贺次君、施和金点校：《读史方舆纪要》，中华书局 2005 年版。

（清）彭定求等编校，中华书局编辑部点校：《全唐诗》，中华书局 1979 年版。

（清）永瑢、纪昀等编纂：《景印文渊阁四库全书》，台湾商务印书馆 1986 年版。

（清）西清：《黑龙江外纪》，清光绪年间刻本。

逯钦立辑校：《先秦汉魏晋南北朝诗》，中华书局 1983 年版。

## 三、专著

白翠琴：《魏晋南北朝民族史》，四川民族出版社 1996 年版。

蔡鸿生：《唐代九姓胡与突厥文化》，中华书局 1998 年版。

沧州市文物局编：《沧州文物古迹》，科学出版社 2000 年版。

陈文平：《流失海外的国宝（图录卷）》，上海文化出版社 2001 年版。

陈寅恪：《隋唐制度渊源略论稿·唐代政治史述论稿》，生活·读书·新知三联书店 2001 年版。

段文杰主编：《中国敦煌壁画·盛唐》，天津人民美术出版社 2010 年版。

段文杰主编：《中国敦煌壁画全集 7（敦煌中唐）》，天津人民美术出版社 2006 年版。

段文杰主编：《中国敦煌壁画全集 9（敦煌五代·宋）》，天津人民美术出版社 2006 年版。

敦煌研究院编著：《中国石窟·安西榆林窟》，文物出版社 1997 年版。

盖山林：《阴山岩画》，文物出版社 1986 年版。

盖山林：《巴丹吉林沙漠岩画》，北京图书馆出版社 1998 年版。

关友惠著：《中国敦煌壁画全集 8（晚唐卷）》，天津人民美术出版社 2001 年版。

《汉唐陶瓷艺术——徐展堂博士捐赠中国文物粹选》，文物出版社 1998 年版。

《皇家安大略省博物馆——徐展堂中国艺术馆》，多伦多：皇家安大略省博物馆 1996 年版。

胡戟、张弓、李斌城、葛承雍：《二十世纪唐研究》，中国社会科学出版社 2002 年版。

霍巍：《西藏古代墓葬制度史》，四川人民出版社 1995 年版。

纪宗安：《9 世纪前的中亚北部与中西交通》，中华书局 2008 年版。

姜伯勤：《中国祆教艺术史研究》，生活·读书·新知三联书店 2004 年版。

李斌城等：《隋唐五代社会生活史》，中国社会科学出版社 1998 年版。

李永宪、霍巍：《西藏岩画艺术》，四川人民出版社 1994 年版。

李永宪：《西藏原始艺术》，河北教育出版社 2000 年版。

逯耀东：《从平城到洛阳：拓跋魏文化转变的历程》，中华书局 2006 年版。

吕一飞：《胡族习俗与隋唐风韵：魏晋北朝少数民族及其风俗对隋唐的影响》，书目文献出版社 1994 年版。

齐东方：《唐代金银器研究》，中国社会科学出版社 1999 年版。

荣新江：《中古中国与粟特文明》，生活·读书·新知三联书店 2014 年版。

荣新江、李孝聪：《中外关系史：新史料与胡商文书》，科学出版社 2004 年版。

山西省博物馆编：《太原圹坡北齐张肃墓文物图录》，中国古典艺术出版社 1958 年版。

山西省文物工作委员会、山西云冈石窟文物保管所编：《云冈石窟》，文物出版社 1977 年版。

宿白：《中国石窟寺研究》，生活·读书·新知三联书店 2019 年版。

王明珂：《游牧者的抉择：面对汉帝国的北亚游牧部族》，广西师范大学出版社 2008 年版。

王绣主编：《洛阳文物精粹》，河南美术出版社 2001 年版。

向达：《唐代长安与西域文明》，河北教育出版社 2001 年版。

萧默：《敦煌建筑研究》，文物出版社 1989 年版。

杨建华：《春秋战国时代中国北方文化带的形成》，文物出版社 2005 年版。

余大钧译注：《蒙古秘史》，内蒙古大学出版社 2014 年版。

张庆捷、李书吉、李钢：《4—6 世纪的北中国与欧亚大陆》，科学出版社 2006 年版。

郑州市文物考古研究所编著：《河南唐三彩与唐青花》，科学出版社 2006 年版。

郑岩：《魏晋南北朝壁画墓研究》，文物出版社 2002 年版。

中国大百科全书出版社编辑部编：《中国大百科全书：建筑·园林·城市规划》，中国大百科全书出版社 1988 年版。

周剑曙、郭宏涛主编：《偃师文物精粹》，北京图书馆出版社 2007 年版。

[俄]B.B.巴托尔德著，罗致平译：《中亚突厥十二讲》，中国社会科学出版社 1984 年版。

[美] 爱德华·谢弗著，吴玉贵译：《唐代的外来文明》，陕西师范大学出版社 2005 年版。

[美] 拉铁摩尔著，唐晓峰译：《中国的亚洲内陆边疆》，江苏人民出版社 2005 年版。

[日] 内田吟风等著，余大钧译：《北方民族史与蒙古史译文集》，云南人民出版社 2003 年版。

[瑞典] 多桑著，冯承钧译：《多桑蒙古史》，上海书店出版社 2006 年版。

[英] F.W. 托马斯，刘忠、杨铭译注：《敦煌西域古藏文社会历史文献》，民族出版社 2003 年版。

Andrews, Peter Alford. (ed.), *Nomad Tent Types in the Middle East, Part* Ⅰ: *Framed Tents*, Wiesbaden: L. Ludwig Reichert Verlag, 1997.

Cribb, Roger, *Nomads in Archaeology*, Cambridge: Cambridge University Press, 1991.

Nicola Di Cosmo, *Ancient China and its Enemies: The Rise of Nomadic Power in East Asian History*, Cambridge: Cambridge University Press, 2002。

G.Frumkin, *Archaeology in Soviet Central Asia*, Leiden: E.J Brill, 1970.

Owen Lattimorem, *Inner Asian Frontiers of China*, Oxford: Oxford University Press, 1988.


Litvinsky, B.A.(EDT), Guang-da, Zhang(EDT), Samghabadi, R. Shabani(EDT), *History of Civilizations of Central Asia, Volume III:The Crossroads of Civilizations:A.D.250 to 750*, Paris:UNESCO Publishing, 1996.

## 四、论文

陈胜前：《中国狩猎采集者的模拟研究》，《人类学学报》2006 年第 1 期。

程起骏：《棺板彩画：吐谷浑人的社会图景》，《中国国家地理》2006 年第 3 辑《青海专辑》（下）。

多杰才旦：《试述十七条协议的伟大历史意义》，《民族研究》1991 年第 4 期。

方殿春：《论北方圆形墓葬的起源》，《北方文物》1988年第3期。

葛承雍：《丝路商队驼载"穹庐"、"毡帐"辨析》，《中国历史文物》2009年第3期。

黄河舟：《浅析北朝墓葬形制》，《文物》1985年第3期。

霍巍：《青海出土吐蕃木棺板画的初步观察与研究》，《西藏研究》2007年第2期。

霍巍：《青海出土吐蕃木棺板画人物服饰的初步研究》，载《艺术史研究》第9辑，中山大学出版社2007年版。

霍巍：《粟特人与青海道》，《四川大学学报》（哲学社会科学版）2005年第2期。

霍巍：《西域风格与唐风染化：中古时期吐蕃与粟特人的棺板装饰传统试析》，《敦煌学辑刊》2007年第1期。

霍巍：《吐蕃考古与吐蕃文明》，《西藏大学学报》（社会科学版）2009年第1期。

霍巍：《吐蕃系统金银器研究》，《考古学报》2009年第1期。

霍巍：《吐蕃马具与东西方文明的交流》，《考古》2009年第11期。

姜伯勤：《安阳北齐石棺床画像右的图像考察 与入华粟特人的祆教美术——兼论北齐画风的巨变及其与粟特画派的关联》，载《艺术史研究》第1辑，中山大学出版社1999年版。

李梅田：《论南北朝交接地区的墓葬——以陕西、豫南鄂北、山东地区为中心》，《东南文化》2004年第1期。

李永平、周银霞：《围屏石榻的源流和北魏墓葬中的祆教习俗》，《文物》2005年第5期。

林梅村：《高昌火祆教遗迹考》，《文物》2006年第7期。

林梅村：《棺板彩画：苏毗人的风俗图卷》，《中国国家地理》2006年第3辑《青海专辑》（下）。

林梅村：《青藏高原考古新发现与吐蕃权臣噶尔家族》，载《亚洲新人文联网"中外文化与历史记忆学术研讨会"论文提要集》，香港，2006年。

罗世平：《棺板彩画：吐蕃人的生活画卷》，《中国国家地理》2006年第 3 辑《青海专辑》（下）。

罗世平：《天堂喜宴——青海海西州郭里木吐蕃棺板画笺证》，《文物》2006 年第 7 期。

吕红亮：《"穹庐"与"拂庐"——青海郭里木吐蕃墓棺板画毡帐图像试析》，《敦煌学辑刊》2011 年第 3 期。

倪润安：《试论北朝圆形石质墓的渊源与形成》，《北京大学学报》（哲学社会科学版）2010 年第 3 期。

荣新江：《Miho 美术馆粟特石棺床屏风的图像及其组合》，载《艺术史研究》第 4 辑，中山大学出版社 2002 年版。

荣新江：《北周史君墓石椁所见之粟特商队》，《文物》2005 年第 3 期。

沈睿文：《北朝隋唐圆形墓研究述评》，载《理论与史学》第 2 辑，中国社会科学出版社 2016 年版。

仝涛：《木棺装饰传统——中世纪早期鲜卑文化的一个要素》，载《藏学学刊》第 3 辑，四川大学出版社 2007 年版。

王建新：《中国北方草原地区古代游牧文化考古研究中若干问题的探讨》，《西部考古》2006 年第 1 期。

王建新、席琳：《东天山地区早期游牧文化聚落考古研究》，《考古》2009 年第 1 期

王雁卿：《北魏司马金龙墓出土的釉陶毡帐模型》，《中国国家博物馆馆刊》2012 年第 4 期。

韦正：《试探北朝崔氏墓的象征性》，载《庆贺徐光翼八十华诞论文集》编委会编《庆贺徐光翼八十华诞论文集》，科学出版社 2015 年版。

吴玉贵：《白居易"毡帐诗"所见唐代胡风》，载《唐研究》第五卷，北京大学出版社 1999 年版。

吴玉贵：《唐朝初年与东突厥关系史考》，载《中亚学刊》第 5 辑，中华书局 1996 年版。

许新国：《郭里木吐蕃墓葬棺板画研究》，《中国藏学》2005 年第 1 期。

许新国：《试论夏塔图吐蕃棺板画的源流》，《青海民族学院学报》（社会科学版）2007 年第 1 期。

信立祥：《定县南关唐墓发掘简报》，载《文物资料丛刊》第 6 辑，文物出版社 1982 年版。

杨泓：《从穹庐到殿堂——漫谈云冈石窟形制变迁和有关问题》，《文物》2021 年第 8 期。

张洪波：《试述朝阳唐墓形制及其相关问题》，《辽海文物学刊》1996 年第 1 期。

张庆捷：《北朝隋唐的胡商俑、胡商图与胡商文书》，载《中外关系史：新史料与胡商文书》，科学出版社 2004 年版。

张庆捷：《北朝入华外商及其贸易活动》，载《4—6 世纪的北中国与欧亚大陆》，科学出版社 2006 年版。

郑君雷：《关于游牧性质遗存的判定标准及其相关问题——以夏至战国时期北方长城地带为中心》，载《边疆考古研究》第 2 辑，科学出版社 2004 年版。

樊美丽：《北方地区圆形墓葬的初步研究》，四川大学硕士学位论文，2008 年。

金爱秀：《北魏丧葬制度的探讨》，郑州大学硕士学位论文，2005 年。

李瑞哲：《魏晋南北朝隋唐时期陆路丝绸之路上的胡商》，四川大学博士学位论文，2007 年。

马冬：《青海夏塔图吐蕃王朝时期棺板画艺术研究》，四川大学博士后研究工作报告，2010 年。

吴岩松：《内蒙古中部与大同地区的鲜卑——北魏墓的类型与分期》，吉林大学硕士学位论文，2007 年。

[日] 江上波夫著，王子今译：《匈奴的住所》，《西北史地》1991 年第 3 期。

[意] Matteo Compareti 著：《两件中国新见非正规出土入华粟特人葬具：国家博物馆藏石堂和 安备墓围屏石榻》，李思飞译，《丝绸之路研究集刊》第 4 辑，商务印书馆 2019 年版。

[俄] 瓦·符·巴托尔德：《突厥蒙古诸民族史》，载 [日] 内田吟风等著《北方民族史与蒙古史译文集》，云南人民出版社 2003 年版。

Angela Manderscheid, "The Black Tent in Its Easternmost Distribution: The

Case of the Tibetan Plateau", *Mountain Research and Development*, Vol.21, 2001.

Marx,Emanuel , "The Tribe as a Unit of Subsistence: Nomadic Pastoralism in the Middle East", *American Anthropologist*, Vol.79, 1977.

Andrews, Peter Alford "The White House of Khurasan: The Felt Tents of the Iranian Yomut and Gökleñ", *Iran*, Vol.11, 1973.

# 附　图

## 图版一　Ⅰ式载帐架骆驼俑

1. 河北曲阳北魏墓骆驼俑及牛俑、驴俑

2. 河南孟津侯掌墓骆驼俑　3. 河南偃师北魏墓骆驼俑　4. 西安南郊北魏北周墓骆驼俑

5. 洛阳北魏元邵墓骆驼俑　6. 皇家安大略省博物馆藏骆驼俑　7. 陕西咸阳西魏侯义墓骆驼俑

## 图版二　II式载帐架骆驼俑

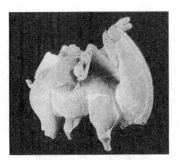

1. 太原北齐贺拔昌墓骆驼俑

（标本 T99HQH8）

2. 河北磁县北齐元良墓骆驼俑

（标本 CMM1:77）

3. 太原广坡北齐张肃墓骆驼俑

4. 河北磁县湾漳北朝壁画墓骆驼俑

（标本 974）

5. 河北磁县湾漳北朝壁画墓骆驼俑

（标本 0364）

6. 河北磁县湾漳北朝壁画墓骆驼俑

（标本 1018）

## 图版三　Ⅱ式载帐架骆驼俑

1. 太原北齐张海翼墓骆驼俑（标本 51）　　2. 太原北齐韩念祖墓骆驼俑（标本 319）

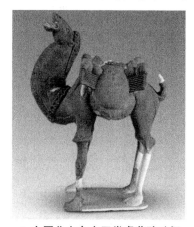

3. 太原北齐东安王娄睿墓骆驼俑
（标本 622 右侧）

4. 太原北齐东安王娄睿墓骆驼俑
（标本 622 左侧）

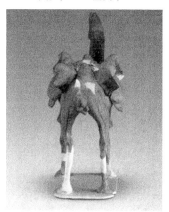

5. 太原北齐东安王娄睿墓骆驼俑
（标本 622 正面）

6. 太原北齐东安王娄睿墓骆驼俑
（标本 622 背面）

## 图版四　II式载帐架骆驼俑

1. 太原北齐东安王娄睿墓卧驼俑
（标本 625 右侧）

2. 太原北齐东安王娄睿墓卧驼俑
（标本 625 左侧）

3. 太原北齐东安王娄睿墓卧驼俑
（标本 625 正面）

4. 太原北齐东安王娄睿墓卧驼俑
（标本 625 背面）

5. 河北磁县北齐高润墓骆驼俑

6. 西安洪庆北朝、隋家族迁葬墓 M8
骆驼俑（标本 M8：42）

## 图版五　II式载帐架骆驼俑

1. 陕西长安隋宋忻夫妇合葬墓骆驼俑

2. 西安隋罗达墓骆驼俑

3. 隋吕思礼夫妇合葬墓骆驼俑

（标本 CESM2:17）

4. 河南三门峡三里桥村 11 号唐墓骆驼俑

（标本 M11：69）

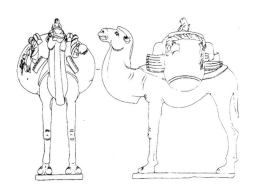

5. 辽宁朝阳唐蔡须达墓骆驼俑

## 图版六　Ⅲ式载帐架骆驼俑

1. 山西长治县宋家庄唐代范澄夫妇墓骆驼俑　2. 陕西礼泉县唐代郑仁泰墓骆驼俑（第一种）

3. 陕西礼泉县唐代郑仁泰墓骆驼俑（第二种）　　4. 陕西长武郭村唐墓骆驼俑

5. 西安西郊唐孙建墓骆驼俑　　6. 山西长治唐代王惠墓骆驼俑（标本 M1:25）

## 图版七　Ⅲ式载帐架骆驼俑

1. 山西长治北石槽唐墓骆驼俑
（标本 1）

2. 西安东郊独孤思贞墓骆驼俑
（标本 27）

3. 河南偃师县唐墓骆驼俑
（标本 M5:36）

4. 河南偃师县唐墓卧驼俑
（标本 M2:7）

5. 河南巩义孝西村唐墓骆驼俑
（标本 M1:80）

6. 河南偃师隋唐墓骆驼俑
（标本 38）

## 图版八　Ⅲ式载帐架骆驼俑

1. 河南孟县堤北头唐代程最墓骆驼俑
（标本 14）

2. 辽宁朝阳市黄河路唐墓骆驼俑
（标本 M1：18）

3. 沧州泊头市富镇崔村唐墓牵驼俑

4. 沧州泊头市富镇崔村唐墓卧驼俑细部

5. 洛阳出土唐绿釉载物骆驼俑

6. 洛阳关林唐墓骆驼俑

## 图版九　Ⅲ式载帐架骆驼俑

1. 洛阳龙门唐安菩夫妇墓三彩骆驼俑
（右面）

2. 洛阳龙门唐安菩夫妇墓三彩骆驼俑
（左面）

3. 洛阳龙门唐安菩夫妇墓三彩骆驼俑局部

4. 美国洛杉矶艺术博物馆收藏骆驼俑

5. 敦煌佛爷庙湾唐代模印砖墓胡商牵驼模印砖拓片
（M123：西壁上2）

### 图版十　Ⅳ式载帐架骆驼俑

1. 西安西郊中堡村唐墓骆驼俑　　2. 香港文化博物馆收藏唐代骆驼俑

## 图版十一　太原北齐东安王娄睿墓墓道壁画驼运图

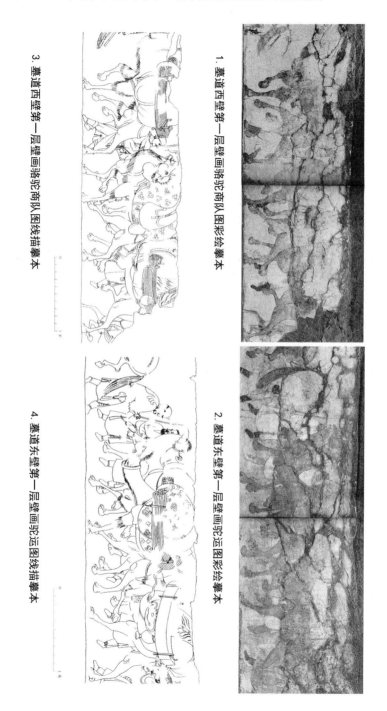

1. 墓道西壁第一层壁画骆驼商队图彩绘摹本

2. 墓道东壁第一层壁画驼运图彩绘摹本

3. 墓道西壁第一层壁画骆驼商队图线描摹本

4. 墓道东壁第一层壁画驼运图线描摹本

**图版十二　石窟寺壁画嫁娶图摹本**

1. 莫高窟中唐360窟嫁娶图

2. 榆林中唐25窟嫁娶图

3. 莫高窟晚唐12窟嫁娶图

4. 榆林五代38窟嫁娶图

5. 莫高窟盛唐148窟嫁娶图

6. 莫高窟晚唐196窟嫁娶图

7. 榆林五代20窟嫁娶图

## 图版十三　文姬归汉图中的毡帐形象

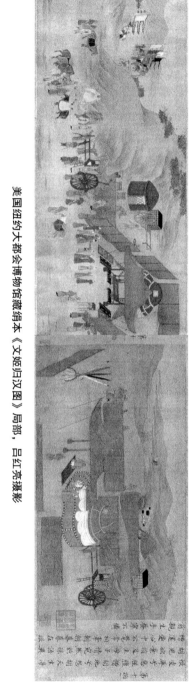
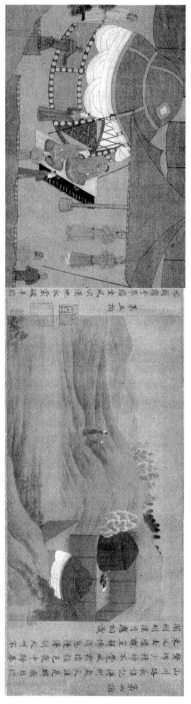

美国纽约大都会博物馆藏绢本《文姬归汉图》局部，吕红亮摄影

# 附　表

## 附表一　帐篷形象统计表

| 序号 | 墓名 | 地理位置 | 帐帐型式 | 数量 | 载体 | 墓葬形制 | 墓葬年代 | 其他重要随葬品 |
|---|---|---|---|---|---|---|---|---|
| 1 | 甘肃酒泉果园村西沟村魏晋画墓 | 甘肃酒泉果园乡西沟村 | 圆形 A | 12 | 壁画 | 砖结构多室墓 | 魏晋时期 | |
| 2 | 嘉峪关魏晋壁画墓 | 甘肃省西边河附近戈壁，第二支渠至墓北干渠古墓群北缘 | 圆形 A | 5 | 壁画 | 砖结构多室墓 | 魏晋时期 | M3:08 为军营帐布置图 |
| 3 | 大同雁北师院北魏墓 M2 | 山西大同市南郊区水泊寺乡曹夫楼院东北 1 公里 | 圆形 A | 1 | 陶质模型 | 弧方形单砖室墓 | 北魏定都平城时期 | 鳖甲形陶车模型 4 |
| | | | 方形 A | 2 | 陶质模型 | | | |
| 4 | 北魏司马金龙墓 | 山西大同市石家寨村西南 1 里 | 方形 A | 2 | 陶质模型 | 弧方形单砖室墓 | 北魏定都平城时期 | 随葬大量釉陶俑群 |
| 5 | 山西大同沙岭北魏壁画墓 | 山西大同市御河之东，沙岭村东北 1 公里的高地上 | 圆形 B | 5 | 壁画 | 弧方形单砖室墓 | 北魏太延元年（435） | |
| 6 | Miho 美术馆藏石棺床 | Miho 美术馆藏品 | 圆形 A | 2 | 石棺床 | 不详 | 北齐时期 | |
| 7 | 西安北周安伽墓 | 西安市北郊未央区大明宫乡坑底寨村西北约 300 米 | 圆形 A | 3 | | 砖结构单室墓 | 北周大象元年（579） | 围屏石榻浮雕图像：骆驼 1；亭、凉亭、回廊各 1 |
| | | | 方形 B | 2 | 围屏石榻 | | | |

续表

| 序号 | 墓名 | 地理位置 | 毡帐型式 | 数量 | 载体 | 墓室形制 | 墓葬年代 | 其他重要随葬品 |
|---|---|---|---|---|---|---|---|---|
| 8 | 西安北周凉州萨保史君墓 | 陕西省西安市未央区井上村东 | 圆形A | 1 | 石堂葬具 | 长斜坡土洞墓 | 北周大象二年（580） | 石堂葬具浮雕图像：狩猎及商队出行图 |
| 9 | 太原隋虞弘墓 | 山西省太原市晋源区王郭村南 | 方形B | 1 | 石椁葬具 | 砖结构单室墓 | 隋开皇十二年（592） | |
| 10 | 河南巩义北窑湾唐墓 | 河南省巩义市站街镇北窑湾村东岭上 | 圆形A | 1 | 陶制模型 | 长斜坡单砖室墓 | 唐武则天迁都洛阳时期 | |
| 11 | 青海德令哈夏图图吐蕃墓 | 东距今哈市30公里的八音河南岸，属于郭里木乡夏塔图 | 圆形B | 7 | 彩绘棺板 | 竖穴土坑墓 | 吐蕃时期 | |
| 12 | 敦煌石窟寺 | 甘肃敦煌城东南25公里的鸣沙山东麓，瓜州县城南70公里处榆林河峡谷两岸 | 圆形A | 5 | 壁画 | | 唐五代时期 | 莫高窟盛唐445窟、盛唐148窟、中唐360窟、晚唐156窟、榆林五代38窟 |

## 附表二　载帐架路驼俑统计表

| 序号 | 墓名 | 地理位置 | 型式 | 数量 | 载体 | 墓室形制 | 墓葬年代 |
|---|---|---|---|---|---|---|---|
| 1 | 河北曲阳北魏墓 | 河北省曲阳县党城公社嘉峪村北0.5公里处 | I式 | 1 | 陶俑 | 砖结构单室墓 | 北魏正光五年（524） |

续表

| 序号 | 墓名 | 地理位置 | 型式 | 载体 | 数量 | 墓室形制 | 墓葬年代 |
|---|---|---|---|---|---|---|---|
| 2 | 洛阳孟津北魏侯掌墓 | 河南省洛阳市孟津县邙山乡三十里铺村东北约1.5公里 | I式 | 陶俑 | 1 | 竖穴墓道单室土洞墓 | 北魏正光五年（524） |
| 3 | 河南偃师北魏墓 | 河南省偃师市城关镇杏元村通往邙岭乡杨庄村的公路东侧约300米处 | I式 | 陶俑 | 1 | 斜坡墓道土洞墓 | 北魏孝昌二年（526） |
| 4 | 洛阳北魏元邵墓 | 河南洛阳老城东北4公里盘龙冢村南0.25公里邙山半坡 | I式 | 陶俑（未绘） | 1 | 斜坡墓道土洞墓 | 北魏建义元年（528） |
| 5 | 西安南郊北魏北周墓 | 陕西省西安市南郊长安区韦曲镇塔坡村以东的京科花园小区 | I式 | 陶俑 | 2 | 长斜坡墓道土洞墓 | M5北魏永熙三年（534）；M3为北周时期 |
| 6 | 皇家安大略省博物馆徐展堂中国艺术馆 | 加拿大皇家安大略省博物馆馆藏 | I式 | 陶俑（彩绘） | 1 | 不明 | 北魏晚期 |
| 7 | 西魏侯义（侯僧伽）墓 | 陕西省咸阳市渭城区窑店乡胡家沟仓张砖厂 | I式 | 陶俑 | 1 | 单室土洞木，墓室平面略呈梯形，抹角穹窿顶 | 西魏大统十年（544） |
| 8 | 河北磁县东魏茹茹公主墓 | 河北省磁县城南2公里大冢营村北 | II式 | 陶俑 | 2 | 甲字形砖结构单室墓 | 东魏武定八年（550） |
| 9 | 太原北齐贺拔昌墓 | 山西省太原市西南万柏林区王井村、太原市变压器厂4号宿舍楼东南角 | II式 | 陶俑（彩绘） | 1 | 砖结构单室墓 | 北齐天保四年（553） |

续表

| 序号 | 墓名 | 地理位置 | 型式 | 载体 | 数量 | 墓室形制 | 墓葬年代 |
|---|---|---|---|---|---|---|---|
| 10 | 河北磁县北齐元良墓 | 河北省磁县县城西南讲武城乡孟庄村 0.75 公里处 | II 式 | 陶俑 | 1 | 方形墓室土洞墓 | 北齐天保四年（553） |
| 11 | 太原广坡北齐张肃墓 | 太原市西南蒙山山麓的太原胜利器材厂 | II 式 | 陶俑（彩绘） | 1 | 方形墓室土洞墓 | 北齐天保十年（559） |
| 12 | 河北磁县湾漳北朝壁画墓 | 河北省磁县东槐树乡湾漳村东滏阳河南岸 | II 式 | 陶俑（彩绘） | 5 | 甲字形长斜坡墓道砖道结构单室墓，墓室平面略呈弧方形 | 公元 560 年前后 |
| 13 | 太原北齐张海翼墓 | 山西省太原市晋源区罗城街道办事处罗城村 | II 式 | 陶俑（彩绘） | 1 | 单室土洞墓 | 北齐天统元年（565） |
| 14 | 太原北齐韩念祖墓 | 太原西郊大井峪村 | 帐篷顶圈 | 陶俑（彩绘） | 1 | 墓道、石门、前室、甬道利后室，后室内壁有彩绘壁画 | 北齐天统四年（568） |
| 15 | 太原北齐东安王娄睿墓 | 太原市南郊区王郭村西南 1 公里 | II 式 | 陶俑（彩绘） | 4 | 甲字形砖结构单室墓，墓室平面弧方形 | 北齐武平元年（570） |
|  |  |  |  | 壁画 | 2 幅 |  |  |
| 16 | 河北磁县北齐高润墓 | 河北省磁县县城西约 4 公里东槐树村西北隅 | II 式 | 陶俑 | 1 | 砖结构单室墓，墓室平面略呈弧方形 | 北齐武平七年（576） |
| 17 | 西安洪庆北朝、隋家族迁葬墓地 M8 | 陕西省西安市灞桥区洪庆街道办事处教委住宅小区 | II 式 | 陶俑（彩绘） | 1 | 甲字形单室土洞墓，墓室平面呈不规则方形 | 隋开皇后期至大业初年 |
| 18 | 陕西长安隋宋忻夫妇合葬墓 | 陕西省长安县韦曲镇东街华光公司长安分公司 | II 式 | 陶俑（彩绘） | 1 | 中字形多室墓 | 隋开皇七年（587） |
| 19 | 西安隋罗达墓 | 西安东郊郊家滩 | II 式 | 陶俑 | 1 | 单室土洞墓 | 隋开皇十六年（596） |

续表

| 序号 | 墓名 | 地理位置 | 型式 | 载体 | 数量 | 墓室形制 | 墓葬年代 |
|---|---|---|---|---|---|---|---|
| 20 | 隋吕思礼夫妇合葬墓 | 西安市长安区郭杜镇长安产业园二十所 | II式 | 陶俑 | 1 | 单室土洞墓 | 隋大业十二年（616） |
| 21 | 河南三门峡三里桥村11号唐墓 | 河南省三门峡市区西南部三里桥村湖滨区法院家属区 | II式 | 陶俑（黄彩） | 2 | 单室土洞墓，墓室呈不规则四边形 | 唐代早期 |
| 22 | 辽宁朝阳唐蔡须达墓 | 辽宁省朝阳市朝阳工程机械厂北部 | II式 | 陶俑 | 2 | 砖结构单室墓，墓室平面呈弧边方形 | 唐武德二年（619） |
| 23 | 山西长治县宋家庄唐代范澄夫妇墓 | 山西省长治县宋家庄唐代范澄夫妇墓 | III式 | 陶俑 | 1 | 砖结构单室墓，墓室平面呈圆角方形 | 唐显庆五年（660） |
| 24 | 陕西礼泉县唐代郑仁泰墓 | 陕西省礼泉县烟霞公社马寨村西南约半华里处 | III式 | 陶俑 | 4 | 带天井、过洞的斜坡墓道砖结构单室墓 | 唐麟德元年（664） |
| 25 | 陕西武郭村唐墓 | 陕西省长治县枣园乡郭村西南200米处 | III式 | 陶俑（彩绘） | 1 | 砖结构方形单室墓 | 唐总章元年（668） |
| 26 | 西安西郊唐靖建墓 | 西安西郊新北火车站东侧 | III式 | 三彩陶俑 | 1 | 单室土洞墓 | 唐咸亨元年（670） |
| 27 | 山西长治唐代王惠墓 | 山西省长治市东郊长淮机械二厂住宅楼区 | III式 | 陶俑 | 1 | 砖结构单室墓，墓室平面略呈弧方形 | 唐上元三年（676） |
| 28 | 山西长治北石槽唐墓 | 山西长治县城东2.5公里壶山西侧 | III式 | 陶俑（彩绘） | 2 | 砖结构单室墓 | 唐文明元年（684） |
| 29 | 西安东郊独孤思贞墓 | 陕西省西安市东郊洪庆村南地 | III式 | 三彩陶俑 | 3 | 长斜坡墓道土洞墓 | 唐万岁通天二年（697） |

续表

| 序号 | 墓名 | 地理位置 | 型式 | 载体 | 数量 | 墓室形制 | 墓葬年代 |
|---|---|---|---|---|---|---|---|
| 30 | 河南偃师北窑村唐墓 M2、M5 | 河南省偃师市城关镇北窑村 | Ⅲ式 | 陶俑 | 1 | 单室土洞墓 | M2：唐咸亨三年（672） |
| | | | | 三彩陶俑 | 1 | 单室土洞墓 | M5：武则天垂拱前段 |
| 31 | 河南省巩义市孝西村唐墓 | 河南省巩义市食品公司院内 | Ⅲ式 | 陶俑（未绘） | 2 | 单室土洞墓，墓室平面略呈刀形 | 唐咸亨三年（672）至神龙二年（706） |
| 32 | 河南偃师隋唐墓 | 河南偃师县城东北侧的瑶头大村砖厂 | Ⅲ式 | 三彩陶俑 | 2 | 残毁不详 | 盛唐时期 |
| 33 | 河南孟县堤北头唐代程最墓 | 河南孟县县城西 3.5 公里堤北头村西北角 100 米处的缓坡 | Ⅲ式 | 陶俑（彩绘） | 2 | 砖结构单室墓 | 唐开元五年（717） |
| 34 | 辽宁朝阳市黄河路唐墓 | 辽宁省朝阳市区北部黄河北路北侧东凤朝阳采油机公司住宅小区 | Ⅲ式 | 陶俑 | 1 | 砖结构圆形单室墓 | 盛唐时期（公元 8 世纪前叶） |
| 35 | 沧州泊头市富镇崔村唐墓 | 沧州泊头市富镇崔村 | Ⅲ式 | 陶俑 | 1 | 不明 | 盛唐时期 |
| 36 | 洛阳龙门唐安菩夫妇墓 | 洛阳市南郊 13 公里处的龙门东山北麓 | Ⅲ式 | 三彩陶俑 | 1 | 砖结构单室墓 | 唐景龙三年（709） |
| 37 | 洛阳出土唐绿釉载物骆驼俑 | 洛阳 | Ⅲ式 | 绿釉陶俑 | 1 | 不明 | 盛唐前期 |
| 38 | 洛阳关林唐墓 | 洛阳关林 | Ⅲ式 | 白釉陶俑 | 1 | 不明 | 盛唐时期 |

续表

| 序号 | 墓名 | 地理位置 | 型式 | 载体 | 数量 | 墓室形制 | 墓葬年代 |
|---|---|---|---|---|---|---|---|
| 39 | 美国洛杉矶艺术博物馆收藏 | 美国洛杉矶艺术博物馆藏 | Ⅲ式 | 三彩陶俑 | 1 | 不明 | 盛唐时期 |
| 40 | 敦煌佛爷庙湾唐代模印砖墓 | 甘肃省敦煌市东郊佛爷庙湾—新店台 | Ⅲ式 | 模印砖 | 9 | 砖结构单室墓 | 盛唐时期 |
| 41 | 西安西郊中堡村唐墓 | 西安西郊中堡村 | Ⅳ式 | 三彩陶俑 | 1 | 单室土洞墓 | 盛唐时期 |
| 42 | 香港文化博物馆 | 香港文化博物馆藏 | Ⅳ式 | 陶俑 | 1 | 不明 | 盛唐时期 |

### 附表三：附图引用说明

| 图号 | 图名 | 引用出处 |
|---|---|---|
| 图版一：1 | 河北曲阳北魏墓骆驼俑及牛俑、驴俑 | 河北省博物馆、文物管理处：《河北曲阳发现北魏墓》，《考古》1972 年第 5 期，图版九。 |
| 图版一：2 | 河南孟津侯掌墓骆驼俑 | 洛阳市文物工作队：《洛阳孟津晋墓、北魏墓发掘简报》，《文物》1991 年第 8 期，第 57 页。 |
| 图版一：3 | 河南偃师北魏墓骆驼俑 | 偃师商城博物馆：《河南偃师两座北魏墓发掘简报》，《考古》1993 年第 5 期，图版一。 |
| 图版一：4 | 西安南郊北魏北周墓骆驼俑 | 西安市文物保护考古所：《西安南郊北魏北周墓发掘简报》，《文物》2009 年第 5 期，第 35 页。 |
| 图版一：5 | 洛阳北魏元邵墓骆驼俑 | 洛阳博物馆：《洛阳北魏元邵墓》，《考古》1973 年第 4 期，第 221 页。 |
| 图版一：6 | 皇家安大略省博物馆藏骆驼俑 | 《皇家安大略省博物馆——徐展堂中国艺术馆》，多伦多：皇家安大略省博物馆，1996 年，第 54 页。 |
| 图版一：7 | 陕西咸阳西魏侯义墓骆驼俑 | 陕西历史博物馆编：《陕西古代文明》，陕西人民出版社 2008 年版，第 91 页。 |
| 图版二：1 | 太原北齐贺拔昌墓骆驼俑（标本 T99HQH8） | 太原市文物考古研究所：《太原北齐贺拔昌墓》，《文物》2003 年第 3 期，第 19 页。 |
| 图版二：2 | 河北磁县北齐元良墓骆驼俑（标本 CMM1:77） | 磁县文物保管所：《河北磁县北齐元良墓》，《考古》1997 年第 3 期，第 37 页。 |
| 图版二：3 | 太原广坡北齐张肃墓骆驼俑 | 山西省博物馆编：《太原圹坡北齐张肃墓文物图录》，中国古典艺术出版社 1958 年版，第 11 页。 |
| 图版二：4 | 河北磁县湾漳北朝壁画墓骆驼俑（标本 974） | 中国社会科学院考古研究所、河北省文物研究所编著：《磁县湾漳北朝壁画墓》，科学出版社 2003 年版，彩版 29。 |
| 图版二：5 | 河北磁县湾漳北朝壁画墓骆驼俑（标本 0364） | 中国社会科学院考古研究所、河北省文物研究所编著：《磁县湾漳北朝壁画墓》，科学出版社 2003 年版，彩版 30。 |

| 图号 | 图名 | 引用出处 |
|------|------|----------|
| 图版二：6 | 河北磁县湾漳北朝壁画墓骆驼俑（标本1018） | 中国社会科学院考古研究所、河北省文物研究所编著：《磁县湾漳北朝壁画墓》，科学出版社2003年版，彩版29。 |
| 图版三：1 | 太原北齐张海翼墓骆驼俑（标本51） | 李爱国：《太原北齐张海翼墓》，《文物》2003年第10期，第47页。 |
| 图版三：2 | 太原北齐韩念祖墓骆驼俑（标本319） | 太原市文物考古研究所编著：《太原北齐韩念祖墓》，科学出版社2020年版，版图二六。 |
| 图版三：3 | 太原北齐东安王娄睿墓骆驼俑（标本622右侧） | 山西省考古研究所、太原市文物考古研究所编著：《北齐东安王娄睿墓》，文物出版社2006年版，彩版一二八。 |
| 图版三：4 | 太原北齐东安王娄睿墓骆驼俑（标本622左侧） | 山西省考古研究所、太原市文物考古研究所编著：《北齐东安王娄睿墓》，文物出版社2006年版，彩版一二八。 |
| 图版三：5 | 太原北齐东安王娄睿墓骆驼俑（标本622正面） | 山西省考古研究所、太原市文物考古研究所编著：《北齐东安王娄睿墓》，文物出版社2006年版，彩版一二八。 |
| 图版三：6 | 太原北齐东安王娄睿墓骆驼俑（标本622背面） | 山西省考古研究所、太原市文物考古研究所编著：《北齐东安王娄睿墓》，文物出版社2006年版，彩版一二八。 |
| 图版四：1 | 太原北齐东安王娄睿墓卧驼俑（标本625右侧） | 山西省考古研究所、太原市文物考古研究所编著：《北齐东安王娄睿墓》，文物出版社2006年版，彩版一二九。 |
| 图版四：2 | 太原北齐东安王娄睿墓卧驼俑（标本625左侧） | 山西省考古研究所、太原市文物考古研究所编著：《北齐东安王娄睿墓》，文物出版社2006年版，彩版一二九。 |
| 图版四：3 | 太原北齐东安王娄睿墓卧驼俑（标本625正面） | 山西省考古研究所、太原市文物考古研究所编著：《北齐东安王娄睿墓》，文物出版社2006年版，彩版一二九。 |

| 图号 | 图名 | 引用出处 |
|---|---|---|
| 图版四：4 | 太原北齐东安王娄睿墓卧驼俑（标本625背面） | 山西省考古研究所、太原市文物考古研究所编著：《北齐东安王娄睿墓》，文物出版社2006年版，彩版一二九。 |
| 图版四：5 | 河北磁县北齐高润墓骆驼俑 | 磁县文化馆：《河北磁县北齐高润墓》，《考古》1979年第3期，图版八。 |
| 图版四：6 | 西安洪庆北朝、隋家族迁葬墓M8骆驼俑（标本M8：42） | 陕西省考古研究所：《西安洪庆北朝、隋家族迁葬墓地》，《文物》2005年第10期，彩版页。 |
| 图版五：1 | 陕西长安隋宋忻夫妇合葬墓骆驼俑 | 陕西省考古研究所隋唐研究室：《陕西长安隋宋忻夫妇合葬墓清理简报》，《考古与文物》1994年第1期，第33页。 |
| 图版五：2 | 西安隋罗达墓骆驼俑 | 李域铮、关双喜：《隋罗达墓清理简报》，《考古与文物》1984年第5期，第30页。 |
| 图版五：3 | 隋吕思礼夫妇合葬墓骆驼俑（标本CESM2:17） | 陕西省考古研究所：《隋吕思礼夫妇合葬墓清理简报》，《考古与文物》2004年第6期，彩图插页2。 |
| 图版五：4 | 河南三门峡三里桥村11号唐墓骆驼俑（标本M11：69） | 三门峡市文物考古研究所：《三门峡三里桥村11号唐墓》，《中原文物》2003年第3期，第13页。 |
| 图版五：5 | 辽宁朝阳唐蔡须达墓骆驼俑 | 辽宁省文物考古研究所、朝阳市博物馆：《辽宁朝阳北朝及唐代墓葬》，《文物》1998年第3期，第18页。 |
| 图版六：1 | 山西长治县宋家庄唐代范澄夫妇墓骆驼俑 | 长治市博物馆：《长治县宋家庄唐代范澄夫妇墓》，《文物》1989年第6期，图版七。 |
| 图版六：2 | 陕西礼泉县唐代郑仁泰墓骆驼俑（第一种） | 陕西历史博物馆编：《陕西古代文明》，陕西人民出版社2008年版，第128页。 |
| 图版六：3 | 陕西礼泉县唐代郑仁泰墓骆驼俑（第二种） | 陕西省咸阳市文物局编：《咸阳文物精华》，文物出版社2002年版，第111页。 |
| 图版六：4 | 陕西长武郭村唐墓骆驼俑 | 长武县博物馆：《陕西长武郭村唐墓》，《文物》2004年第2期，第47页。 |

| 图号 | 图名 | 引用出处 |
|---|---|---|
| 图版六：5 | 西安西郊唐孙建墓骆驼俑 | 陈安利、马咏忠：《西安西郊唐墓》，《文物》1990 年第 7 期，第 44 页。 |
| 图版六：6 | 山西长治唐代王惠墓骆驼俑（标本 M1:25） | 长治市博物馆：《山西长治唐代王惠墓》，《文物》2003 年第 8 期，第 50 页。 |
| 图版七：1 | 山西长治北石槽唐墓骆驼俑（标本 1） | 山西省文物管理委员会晋东南文物工作组：《山西长治北石槽唐墓》，《考古》1965 年第 9 期，图版九。 |
| 图版七：2 | 西安东郊独孤思贞墓骆驼俑（标本 27） | 中国社会科学院考古研究所编著：《唐长安城郊隋唐墓》，文物出版社 1980 年版，图版五四。 |
| 图版七：3 | 河南偃师县唐墓骆驼俑（标本 M5:36） | 偃师商城博物馆：《河南偃师县四座唐墓发掘简报》，《考古》1992 年第 11 期，图版七。 |
| 图版七：4 | 河南偃师县唐墓卧驼俑（标本 M2:7） | 周剑曙、郭宏涛主编：《偃师文物精粹》，北京图书馆出版社 2007 年版，第 127 页。 |
| 图版七：5 | 河南巩义孝西村唐墓骆驼俑（标本 M1:80） | 郑州市文物考古研究所、巩义市文物保护管理所：《河南省巩义市孝西村唐墓发掘简报》，《文物》1998 年第 11 期，第 43 页。 |
| 图版七：6 | 河南偃师隋唐墓骆驼俑（标本 38） | 偃师县文物管理委员会：《河南偃师县隋唐墓发掘简报》，《考古》1986 年第 11 期，图版七。 |
| 图版八：1 | 河南孟县堤北头唐代程最墓骆驼俑（标本 14） | 焦作市文物工作队、孟县博物馆：《河南孟县堤北头唐代程最墓发掘简报》，《中原文物》1995 年第 4 期，第 30 页。 |
| 图版八：2 | 辽宁朝阳市黄河路唐墓骆驼俑（标本 M1:18） | 辽宁省文物考古研究所、朝阳市博物馆：《辽宁朝阳市黄河路唐墓的清理》，《考古》2001 年第 8 期，第 67 页。 |
| 图版八：3 | 沧州泊头市富镇崔村唐墓牵驼俑 | 沧州市文物局编：《沧州文物古迹》，科学出版社 2007 年版，第 102 页。 |
| 图版八：4 | 沧州泊头市富镇崔村唐墓卧驼俑细部 | 沧州市文物局编：《沧州文物古迹》，科学出版社 2007 年版，第 102 页。 |

| 图号 | 图名 | 引用出处 |
|---|---|---|
| 图版八：5 | 洛阳出土唐绿釉载物骆驼俑 | 王绣主编：《洛阳文物精粹》，河南美术出版社 2001 年版，第 171 页。 |
| 图版八：6 | 洛阳关林唐墓骆驼俑 | 王绣主编：《洛阳文物精粹》，河南美术出版社 2001 年版，第 170 页。 |
| 图版九：1 | 洛阳龙门唐安菩夫妇墓三彩骆驼俑（右面） | 程永建、周立主编，洛阳市文物考古研究院编著：《洛阳龙门唐安菩夫妇墓》，科学出版社 2017 年版，第 50 页。 |
| 图版九：2 | 洛阳龙门唐安菩夫妇墓三彩骆驼俑（左面） | 程永建、周立主编，洛阳市文物考古研究院编著：《洛阳龙门唐安菩夫妇墓》，科学出版社 2017 年版，第 49 页。 |
| 图版九：3 | 洛阳龙门唐安菩夫妇墓三彩骆驼俑局部 | 程永建、周立主编，洛阳市文物考古研究院编著：《洛阳龙门唐安菩夫妇墓》，科学出版社 2017 年版，第 51 页。 |
| 图版九：4 | 美国洛杉矶艺术博物馆收藏骆驼俑 | 陈文平：《流失海外的国宝（图录卷）》，上海文化出版社 2001 年版，第 131 页。 |
| 图版九：5 | 敦煌佛爷庙湾唐代模印砖墓胡商牵驼模印砖拓片（M123：西壁上 2） | 甘肃省博物馆：《敦煌佛爷庙湾唐代模印砖墓》，《文物》2002 年第 1 期，第 59 页。 |
| 图版十：1 | 西安西郊中堡村唐墓骆驼俑 | 葛承雍：《丝路商队驼载"穹庐"、"毡帐"辨析》，《中国历史文物》2009 年第 3 期，图版七。 |
| 图版十：2 | 香港文化博物馆收藏唐代骆驼俑 | 葛承雍：《丝路商队驼载"穹庐"、"毡帐"辨析》，《中国历史文物》2009 年第 3 期，封面。 |
| 图版十一：1 | 太原北齐东安王娄睿墓墓道西壁第一层壁画骆驼商队图彩绘摹本 | 山西省考古研究所、太原市文物考古研究所编著：《北齐东安王娄睿墓》，文物出版社 2006 年版，彩版十六、十七。 |
| 图版十一：2 | 太原北齐东安王娄睿墓墓道东壁第一层壁画驼运图彩绘摹本 | 山西省考古研究所、太原市文物考古研究所编著：《北齐东安王娄睿墓》，文物出版社 2006 年版，彩版二二、二三。 |

| 图号 | 图名 | 引用出处 |
|---|---|---|
| 图版十一：3 | 太原北齐东安王娄睿墓墓道西壁第一层壁画骆驼商队图线描摹本 | 山西省考古研究所、太原市文物考古研究所编著：《北齐东安王娄睿墓》，文物出版社2006年版，第25页。 |
| 图版十一：4 | 太原北齐东安王娄睿墓墓道东壁第一层壁画驼运图线描摹本 | 山西省考古研究所、太原市文物考古研究所编著：《北齐东安王娄睿墓》，文物出版社2006年版，第31页。 |
| 图版十二：1 | 莫高窟中唐360窟嫁娶图 | 段文杰主编：《中国敦煌壁画全集7(敦煌中唐)》，天津人民美术出版社2006年版，第151页。 |
| 图版十二：2 | 榆林中唐25窟嫁娶图 | 敦煌研究院编著：《中国石窟·安西榆林窟》，文物出版社1997年版，第24图。 |
| 图版十二：3 | 莫高窟晚唐12窟嫁娶图 | 关友惠著：《中国敦煌壁画全集8（晚唐卷）》，天津人民美术出版社2001年版，第64页。 |
| 图版十二：4 | 榆林五代38窟嫁娶图 | 敦煌研究院编著：《中国石窟·安西榆林窟》，文物出版社1997年版，第87图。 |
| 图版十二：5 | 莫高窟盛唐148窟嫁娶图 | 段文杰主编：《中国敦煌壁画·盛唐》，天津人民美术出版社2010年版，第202页。 |
| 图版十二：6 | 莫高窟晚唐196窟嫁娶图 | 关友惠著：《中国敦煌壁画全集8（晚唐卷）》，天津人民美术出版社2001年版，第174页。 |
| 图版十二：7 | 榆林五代20窟嫁娶图 | 敦煌研究院编著：《中国石窟·安西榆林窟》，文物出版社1997年版，第24页。 |
| 图版十三 | 文姬归汉图中的毡帐形象 | 美国纽约大都会博物馆藏绢本《文姬归汉图》局部，吕红亮摄影。 |

# 后　记

　　本书脱胎于我十二年前的硕士学位论文，特别感谢导师霍巍先生所曾给予的悉心教导和帮助。对于帐篷的兴趣最早源于霍巍老师、吕红亮老师等诸位师长亲切指导下展开的一些阅读与讨论，并决心以此为题撰写毕业论文。所幸未负老师们的期望，最终完成了这篇关于魏晋隋唐时期帐篷的考古学研究，获得了较好的评价。攻读博士学位期间，我还申请到前往以色列 Albright 考古研究所进行有关游牧考古的交流学习。从帐篷到游牧，可以说在老师们的帮助下，我找到了自己最初、也是最难以割舍的一个研究兴趣点。

　　虽然因为种种原因，自博士论文至毕业工作，我的主要精力放置于其他研究方向之上，但游牧和帐篷一直是我心底最深的记忆。霍老师也多次勉励我能够继续相关研究。因此，此次有机会能够将以前的工作整理出版，完成自己长久以来的夙愿，也是督促自己能够重拾对于帐篷与游牧难以割舍的情缘，幸甚之至哉。

　　此书修改过程中偶然微恙，幸得领导同事家人支持，使我更加感念生活之美好，亦愿望能为之而拼搏。

　　感谢本书责编邵永忠先生的辛勤付出。本书一切错误皆由本人承担，期待各位师友的不吝指正。

程嘉芬

2022 年 12 月于郑州四季街旁

责任编辑：邵永忠

封面设计：黄桂月

**图书在版编目（CIP）数据**

胡风东渐与族群互动：魏晋至隋唐时期帐篷形象的考古学研究 / 程嘉芬 著 .—北京：
人民出版社 ,2023.3
（黄河文明与河洛文化丛书 / 罗子俊 主编；王东洋 副主编）
ISBN 978-7-01-024156-2
Ⅰ.①胡… Ⅱ.①罗… ②王… ③程… Ⅲ.①游牧民族—民族建筑—建
筑史—研究—北方地区 Ⅵ.① TU-092.8
中国版本图书馆 CIP 数据核字 (2021) 第 266566 号

**胡风东渐与族群互动**

HUFENG DONGJIAN YU ZUQUN HUDONG

——魏晋至隋唐时期帐篷形象的考古学研究

罗子俊 主编，王东洋 副主编，程嘉芬 著

人 民 出 版 社 出版发行

（100706 北京市东城区隆福寺街 99 号）

北京九州迅驰传媒文化有限公司印刷　新华书店经销

2023 年 3 月第 1 版　　2023 年 3 月北京第 1 次印刷

开本：710 毫米 ×1000 毫米 1/16　印张：11.25

字数：180 千字

ISBN 978 - 7 - 01 - 024156 - 2　　定价：50.00 元

邮购地址　　100706　　北京市东城区隆福寺街 99 号

人民东方图书销售中心　电话（010）65250042　65289539